뉴메릭 스도쿠 468

초|중|고급 468 문제

INTELLIGENCE IMPROVEMENT PROGRAM

뉴메릭 스도쿠 468

초 | 중 | 고급 468 문제

Numeric Sudoku 468

두뇌 강화 훈련 트레이닝

• Sudoku Creative Academy

푸른e미디어

1. 스도쿠란?

스도쿠는 가로와 세로 각각 9칸, 총 81칸으로 이루어진 정사각형의 모든 가로와 세로의 칸에, 그리고 가로와 세로 각각 3칸씩 모두 9개의 칸으로 이루어진 9개의 작은 사각형 안에 1에서 9까지의 숫자들을 겹치지 않게 적어 넣는 숫자 퍼즐이다.
스도쿠는 스위스의 수학자 레몬하르트 오일러가 만든 「라틴 사각형」이라는 퍼즐에서 생겨났다. 스도쿠는 수리력이나 지식으로 푸는 퍼즐이 아니라 오직 논리에 의해서만 푸는 퍼즐이다.

2. 스도쿠의 구성

이 책에서 편의상 전체 퍼즐을 「표」로, 3×3의 작은 표는 「상자」로, 숫자를 채워야 하는 공간은 「칸」이라고 말한다.
3과 6이라는 말은 3번째 가로줄과 6번째 세로줄이 만나게 되는 칸을 가리킨다.
상자들의 번호는 그림과 같이 좌에서 우로, 그리고 위에서 아래의 순서로 매겨진다.

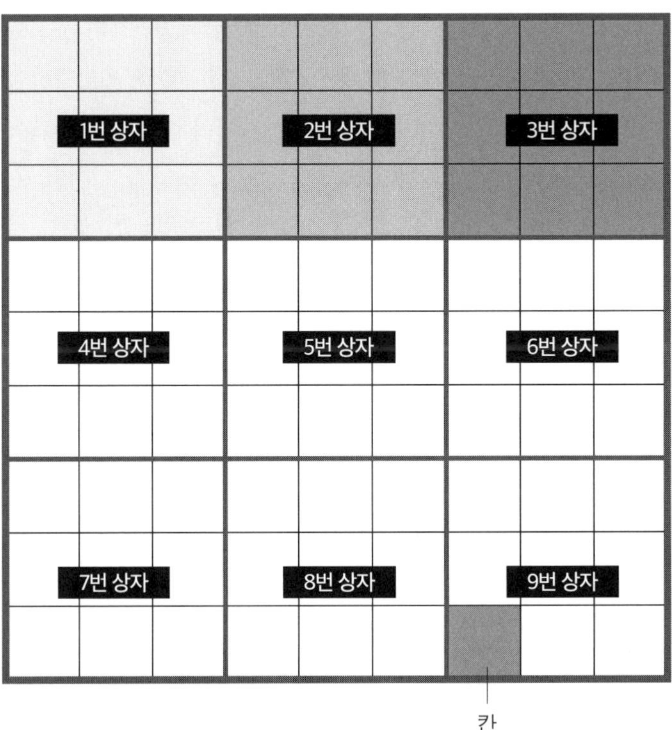

3. 스도쿠를 푸는 기본 방법

일단 각 상자의 숫자들을 살펴 어느 칸이 비었는지 어떤 숫자가 빠졌는지를 가로줄과 세로줄에서 확인하라. 6페이지 퍼즐의 3번 상자를 보자. 이 상자에는 4가 없지만 7번째와 9번째의 세로줄에 4가 있기 때문에 4가 들어갈 수 있는 곳은 8번째 세로줄밖에 없다. 따라서 그 칸에 4를 기입하면 된다. 따라서 첫 번째 숫자와 두 번째 숫자 5를 해결하게 된다.

	1	2	3	4	5	6	7	8	9
1		1		4	6		2	3	8
2	6		4			2	7	9	○
3	2		3	5	8		6	○	1
4	7		6	9	1		5		
5	4	3						7	6
6			8		7	8	**4**		2
7	8		2		9	5	1		7
8		6	9	7			8		**4**
9	1	7	5		4	6		2	

4라는 숫자에 대해서 좀 더 생각하자. 5번 상자에도 4가 없다. 하지만 5번째와 6번째의 가로줄에 4가 있다. 들어갈 수 있는 곳은 4번째 가로줄뿐이다.

	1	2	3	4	5	6	7	8	9
1		1		4	6		2	3	8
2	6		4			2	7	9	5
3	2		3	5	8		6	4	1
4	7		6	9	1	○	5		
5	**4**	3						7	6
6			8		7	8	**4**		2
7	8		2		9	5	1		7
8		6	9	7			8		4
9	1	7	5		4	6		2	

이번에는 1번 상자를 살피자. 보이는 바와 같이 2번 상자와 3번 상자에는 8이 있지만 1번 상자에는 8이 없다. 1번째와 3번째 가로줄의 8때문에 1번 상자에서 8이 때문에 1번 상자에서 8이 들어갈 자리는 1번 가로줄과 2번 가로줄인데 1번 세로줄에 이미 8이 있기 때문에 8이 들어갈 칸은 한 군데만 남게 된다.

	1	2	3	4	5	6	7	8	9
1		1		4	6		2	3	**8**
2	6	○	4			2	7	9	5
3	2		3	5	**8**		6	4	1
4	7		6	9	1	4	5		
5	4	3						7	6
6			8		7	8	4		2
7	8		2		9	5	1		7
8		6	9	7			8		4
9	1	7	5		4	6		2	

2번 상자의 3번째 가로줄의 빈칸을 채우는 방법도 앞의 상황들과 비슷하다. 빈칸을 채울 수 있는 숫자는 7과 5인데 1번 상자의 빈칸은 1번째 세로줄에 7이 있기 때문에 7을 사용할 수 없다. 따라서 7은 3번째 세로줄의 빈칸을 채우게 되며 9는 1번 상자 3번째 가로줄의 빈칸으로 들어가게 된다.

	1	2	3	4	5	6	7	8	9
1		1		4	6		2	3	8
2	6	8	4			2	7	9	5
3	2	○	3	5	8	○	6	4	1
4	**7**		6	9	1	4	5		
5	4	3						7	6
6			8		7	8	4		2
7	8		2		9	5	1		7
8		6	9	7			8		4
9	1	**7**	5		4	6		2	

1번 상자에서 사용할 수 있는 숫자는 5와 7이 남게 되었다. 하지만 1번째 세로선의 빈칸은 1번째 세로줄에 있는 7 때문에 7을 사용하지 못한다. 따라서 5를 사용하게 되며 3번째 세로선의 빈칸에 7이 들어가게 된다. 또한 6번째 세로선의 빈칸에 자동적으로 9가 들어가게 되며 4번 상자 3번째 세로 줄의 숫자 1을 해결하게 된다.

	1	2	3	4	5	6	7	8	9
1	○	1	○	4	6	○	2	3	8
2	6	8	4			2	7	9	5
3	2	9	3	5	8	7	6	4	1
4	**7**		6	9	1	4	5		
5	4	3	○					7	6
6			8		7	8	4		2
7	8		2		9	5	1		7
8		6	9	7			8		4
9	1	7	5		4	6		2	

상황은 비슷하게 전개된다. 2번 상자에서 사용할 수 있는 숫자는 1과 3이 남게 되었다. 하지만 5번째 세로줄의 빈칸에는 5번 상자의 1 때문에 1이 들어갈 수 없다. 따라서 3이 들어가게 되면 1은 4번째 세로줄의 빈칸으로 들어가게 된다. 이제 나머지 숫자들을 해결하는 일은 훨씬 쉬워지게 되었다.

	1	2	3	4	5	6	7	8	9
1	5	1	7	4	6	9	2	3	8
2	6	8	4	○	○	2	7	9	5
3	2	9	3	5	8	7	6	4	1
4	7		6	9	**1**	4	5		
5	4	3	1					7	6
6			8		7	8	4		2
7	8		2		9	5	1		7
8		6	9	7			8		4
9	1	7	5		4	6		2	

7번 상자에서 사용할 수 있는 숫자는 3과 4가 남게 되었다. 여기서는 그 결과가 매우 간단해진다. 1번 세로줄과 8번 가로줄에 각각 4가 있기 때문에 숫자 4는 7번째 가로줄의 빈칸에 들어가게 되며 숫자 3은 1번째 세로줄의 빈칸을 채우게 된다. 동시에 4번 상자 1번째 세로줄의 빈칸에는 남게 된 숫자 9가 들어가게 된다.

	1	2	3	4	5	6	7	8	9
1	5	1	7	4	6	9	2	3	8
2	6	8	4	1	3	2	7	9	5
3	2	9	3	5	8	7	6	4	1
4	7		6	9	1	4	5		
5	**4**	3	1					7	6
6	○		8		7	8	4		2
7	8	○	2		9	5	1		7
8	○	6	9	7			8		**4**
9	1	7	5		4	6		2	

	1	2	3	4	5	6	7	8	9
1	5	1	7	4	6	9	2	3	8
2	6	8	4	1	3	2	7	9	5
3	2	9	3	5	8	7	6	4	1
4	7	○	6	9	1	4	**5**		
5	4	**3**	1				○	7	6
6	9	○	8		7	8	4		2
7	8	4	2		9	5	1		7
8	3	6	9	7			8		4
9	1	7	5		4	6	○	2	

4번 상자에서 사용할 수 있는 숫자는 2와 5인데 여기서도 결과는 마찬가지다. 4번째 가로줄에 5가 있기 때문에 같은 가로줄의 빈칸에는 2가 들어가게 되며, 5는 6번째 가로줄의 빈칸에 들어가게 된다. 7번 세로줄의 경우도 그렇다. 사용할 수 있는 숫자는 3과 9

인데 3은 5번째 가로선의 3때문에 9번 상자 7번 세로선의 빈칸으로 들어가야 하며 숫자 9는 6번 상자의 7번 세로선에 있는 빈칸을 채우게 된다. 문제는 거의 다 풀렸다. 이제부터는 스스로 문제를 풀어보자.

뉴메릭 스도쿠 468

초|중|고급 468 문제

뉴메릭
스도쿠
초급

Question 001

							4	
	7	4	8	9			6	3
2	1	6	4	7			5	
		8	6	4				
					8			
	6	2	9		7		8	1
	4	7					1	5
6			3			9	7	
1	8	9	7					4

Question 002

					5			1
		6		1		7	9	4
4	3		2	9	7		8	6
		8	7	4	1	9		2
	1		9			4	7	
	4	7	5	8	2	6		
1	2				9		4	
		5	1		4		3	
					3	1		5

Question 003

2	4						3	1
		8	2				7	6
6	1	5	9	3	7			
4	6	2			5		8	9
1	7		8	4			2	5
	5		6		9			4
		6	4	9	1	2		
	2							
				5	2		6	

Question 004

	7				4			8
8	9		7	5			4	
	4						3	7
9					7			
4		6		9	8	7		
7			4	2	6		8	
2				1				4
3					5	8		6
5	8	4	6	7	3			

Question 005

				1	5	8		9
8		5					3	1
	2		3	8	6	5	7	
3		6		7				
1	5			6	3		9	
7			5	9		1	6	3
		7	9		8	2		
	3	8		5				
5	1					3	8	

Question 006

3				6	1			
6			8	4	5		2	1
8						6		7
		4		5	2	7	8	
1				7	6	2		4
7	2	5	4	3		1	6	
5	1	3		8				2
2				1				
4		9	3		7		1	

Question 007

	4	1			8	7		9
		3	1		5			
	8		9			3		1
	3	5		8		6	1	
		9	4	7			2	
	2			5	1		3	4
	5	2			4	1		6
		8			2	4		
1		4	7			5	8	

Question 008

		5						
2	8		1		9		3	5
	4	1		3		6	2	8
5					6		7	
	6	3		7				
	7		2	9		3	1	6
					2	7		
3	5		7				8	
7		9		8	3		4	

Question 009

8	6	2	5	9		4	3	7
		1			3			
	7				6		1	
7	9		2	8				1
6		8			5			
1		4	3			8		5
4	1	3		5			8	
9				4	8	2		
	8	7				1	5	

Question 010

5	3	1		6	7	4	9	
		7		2		3		8
	9		4					
2	5	6	3		8	1		
		8		7	9	5		
	7	4					8	3
				8	1	9		
	8	5	7					4
7	2					8		1

Question 011

3				9		8		5
	2		6		5			4
		1	2	8		3	6	
	9	5			7	1		
	7				8	2		6
		4	1		6	9	3	
	1	2	5	7	9		8	
	6	9						2
		7		6	2	5		

Question 012

			5		1	9	2	8
9	5		7				3	
	1		4	9				
	7	6				1		
		4		8	3	2	7	
5			1		2			
8	3	9					1	
4	2			1	7			6
			3	4		8	5	

Question 013

					3			
	7					9		
	3						2	1
	6				8		7	4
		7		6				
9	4			7		8		3
4		6	8		7	1	5	
7		8	4			3	9	6
1		3	6		9			7

Question 014

1		5	4					
		4			7	6		1
		9		5				2
6		1	5		3	2		
		3					1	7
5	9		2		1			
	3	6	8					4
9		8			2		7	
4		2	7			8		5

Question 015

	7			9	5		2	
9	4	8			2	1	3	5
2				1		9		
3		6	4	2			7	
		2			3	6		
8		4		3			1	9
	3		2			4		
5	2	9			1	7		

Question 016

				5	7	2		6
7		1	6	8	4		9	3
	9	6						
2	5	3	7		8	9		
6	1						2	8
		7		6		1		
1			5		6			
		9	8	7		6		
					9	3		

Question 017

3	4	6	2	5	9	7		
9	2	5	8			6		4
6			1	2	5		8	3
			9	8		2		
		2	7	3			6	9
2	5		6	4				
8		7		9	2	1	4	5
	9							

Question 018

	2		8	4	5		3	
		4	2	6	9	7	5	8
6	5		7	1			2	4
	1			7	8	4	6	5
4				3			9	2
	8				2	1	7	
	9	7				3		
		1			4			7
								9

Question 019

3	8		4			5	2	9
		2	3			7	1	
9			7		2			8
			8					2
	9	5		2	7			
2		4	5	9				7
			9		8	1	7	
6		9	1			2	8	
1				4	5			3

Question 020

	7	2	5			3	9	
5	6	8						
		1		4		5		2
		3		2	8		4	6
		4			9			
						2		3
6				5	1		3	
	4	5		8	3			9
		7			4		1	5

Question 021

1	4			5		2	9	8
	9	7		6				
	3				2	7		
		8	2			4	1	
9	1	2		4		8		6
				8				2
4	8	3		1	9			
	2						8	5
			8	2				

Question 022

9			1	6			8	3
8	4	7	3	5				1
3	6	1	7	2	8	9		
		3	4		1			6
4		6					3	8
	1	8	6	3	2		9	
1	7	4					6	
6			2					
				4			1	7

Question 023

		1	9					
6				7		5	1	
	3	2		6	5	4		
1			7		8	2	5	3
		3		1	9	6	7	
7	4	5	6				9	
		7				1		2
				5		7	3	
4	1			3		9		

Question 024

3		5	4					8
			5	3	8			
8					1	3		
7	3	2	9		5	8		6
			3	1	6	5	7	2
		1		7				9
		6			3		2	4
4	2	7	6		9			
	9				4	6	8	7

Question 025

	8		1	3				6
1	5							
			2		6	8		
	1		6		8	7		
8	6			1	7	3	2	5
7	9					1		
5		8	3		2	4	1	
		9				2	5	7
		1	7	9	5			

Question 026

5		2				9		6
1								
		6		5				
7		4	6	8		3		
3	5					6		8
	6	9	1		3	5	7	
2		7		4		1		
6			2		8		4	
4			3		7		6	5

Question 027

1		9		7	5	2		8
	8	2	3	4	1			7
	3	7				1		
				3	4	8	2	
	2	4	1	6	8			
8				2	9			
4	7	6	2	8			1	5
2					6			
3					7	6		

Question 028

8	5	2		3				
6	9			2				4
7			6			9	2	
		5			2			
1	2	3			6	4	5	8
	8		1		3	7	9	
5		9	3	8	1			6
	6				9		4	1
	1			6			8	9

Question 029

	3	4	6	2	9	5		
		1					3	
	5						9	4
4		7	8	9	5	3	2	
	2		7	6			5	
5						8	7	1
	8	2	3					
9		3	5	1		7		
6	7	5			2			3

Question 030

7			5		3			
4			8	6		1	5	3
			2		4			7
	7		6	5	8			
6			7				2	
			9			7		8
		7	3		6	9		5
	9	6				8	3	2
					9	4		

Question 031

7	4				2			9
3	2	1	8		7	5		
9	6				4	2	7	8
	9		1	5				
			9	2			3	
	1		4	7				
4	5					1		3
	7			3		9		4
				4		8		

Question 032

		1	8		4	2		
9				6		5		8
2	8		1		5	4		
	6			1				
	9			4	6	8	3	
		3		5	8	9	6	4
6	3					1	8	
			6				4	
8	1		4			6	2	7

Question 033

9		2		1	3	7	4	
7		1	2		8			5
	8	4			9		2	1
4		7		2	5	8	3	
3	1			8				7
	7	9		5	1			
6				7	2		5	9
			3	9			7	2

Question 034

2	1	3					8	
7	5	8		4	2		6	3
		9		8		2		
			5			6		8
6		7			4		5	
	8		9				3	2
		5	4			3	7	
3				5		8	2	4
8	4	6	2				9	

Question 035

	6			1	2			8
2	4							
	8		6			2		4
9			5		4	6	2	
1	3			2	8			
	2			7	6			3
4	9		2			8	3	
6	1	2			5		7	9
8	5		7	4		1		2

Question 036

			1			9	5	6
	9			5	8	2	7	
3			2	9				
9	1			7		6	2	8
2		8	9		1	3	4	7
7	4			3				
		4		8		1		
			4			7		
5					9	8		4

Question 037

			1		5		2	8
	8		4					
1		4	8					
3	9	5	6	7	4	1	8	
6	1			5			3	
	4	7		1		6	9	
8			5	6			4	
		1	9		3		7	6
4	6	9	7	8				

Question 038

7	8	5		4	3			
	6		5	7	1			
4			9		8			
5		8		6	2			
		4				2		
	2		8	9	4	5	7	
8		7	4	5				6
	5	2	3	1	6			
	4		2		7		9	

Question 039

8			7	5			6	4
4					8			
3					1			
	8	1	3	9			4	2
		2		1	6			9
		3		7		6	1	8
1	9	4	6	8		5	2	3
5		8		2				
	7			3	4	8	9	1

Question 040

	5				7			
			5	2	4			
	8	7	6				1	
7	6	4	9		5	8	2	
	2			7		3	4	
8		9					5	7
6	7				2	1		
3	4		7		9	5		6
		5		6		2		

Question **041**

8		4	9		7	6		
		6	5					7
1	7	2	3		6		9	
3								
	2	1		3				9
		9	8				4	3
	1		2	5	9	8	7	4
		7	4			3		
	8	5						

Question **042**

			5	3	9			
4		5	1			9	8	
9		2				7		
8					2	3		4
								2
2	4				5	6		8
1	5	7				8		3
3	8	9	2	5		4	6	
	2		3				1	

Question 043

	9	3	8					5
2					4	3	8	
		8	6			4	9	2
6		9			2	1		
			3	6	5			
3	2				9	8		6
9	3		5			2	1	
1	6						3	
		2		4				9

Question 044

	1	3			4			
	5	9	3	6		7		
7		4	5	2				1
	3	2				6	5	
	4	5	2			1	7	9
	7	8		5				
4			1	9		3	8	6
3	8	1		4		5		
5	9		8					2

Question 045

	2	4			3	1	7	
5			6	7				9
	1			4	8	6	5	
		3		5				4
		7		6	9		2	1
	5	1	8				6	7
			9	3	5	7	1	
3		6			2	8		
							3	

Question 046

7		1	2	4		9	6	3
		9		8			4	
		2			1			5
1	4	8	7		6	5		
			4		8		1	6
6					9	2		
3	1	5		6	2			
		4	9	1	3	6	5	
						3		1

Question 047

6	4		7	5		9		
1					4			2
2		7		8	1			3
			1	4	7			
			5	6		2		8
			8	2	9			
				9	8		2	6
4	6				5		3	9
		2	3		6			4

Question 048

		6			1	5	4	7
	9	5			4	1		
					7	9	6	
5	4							
3	7	8			5	6	1	9
6	1	9	8					
4				3		2		
	6	3	7	4				1
	8	1			2			

Question 049

	5			8	4		6	
		6	3				7	
2		3	6	1				8
	6		8	5			9	
1	8	5	2	9	7	6	3	4
3			1			8		7
4		8			1		2	
					8		1	
		7		3	2			

Question 050

3			9	1			7	
	9	5	2	6				4
				3		9		
2			5		6			3
4		9		2		7		
5		6	7	8	4	1	2	9
	5	3		7		2		
9			3	4	2	6	5	
	4			5			9	

Question 051

		4	6	2		8		1
			4	5		9		
5		6				4	2	3
1	6	3		4	9	2	8	5
	4	2						7
		7		6	8		1	4
2	8	5	3					
	3							
6	7					5	3	2

Question 052

	2			6				
	7	8			1			
1		9			2	5	3	4
	4		3	2	6			
	3	2				1	4	
						3		
	1	6	2		8			
2	8	3	4	9	7			5
7		4	6		3			2

Question 053

7	5	1	3		6	8	4	
		8	1	4				
	4			8		1	7	
8		4	2	6	9	7	3	
6	9			5		4		
		5						8
4	7	3	5	9	2			
5	2			1				4
1	8	9						

Question 054

6	7	8					9	3
		3		8	7	4	5	
4	5	9		6			2	8
			8		5		4	
3	2			1		8		5
9	8			3				
8			2			5	1	
5								
1			5	4		6	3	

Question 055

8					5		3	
			9		7	8		5
9	6		2		3	1		
			1		4		8	
4						7		1
	9	6			8	4	5	
6		3	8					4
		8		5	1		7	6
7		9	4	6	2	3		

Question 056

1			2	3			5	
		3			7			9
6	7	2	8		9	1		
4		7	6	2				
		5		9				
	2	1				9		
7				4			9	
	5	4		6			3	
9	1			7	5	4		

Question 057

1								
5					3	8		9
9	3		5	6				4
		7	1	2				
2		9			6	4		1
	1	6	7		5	2		8
	9		4	3	2			
6		3		5			4	7
	4			1	7	9		2

Question 058

2	8	5	1	6	7			9
4	9	6	3		2	1	8	7
					4	5	2	
		9	4		1			
							1	3
			9		3	6	7	4
		3	7	1	8	4		2
9					6	8		
				3			6	1

Question 059

7	2	8		6	3			
			9		8		1	7
	6	9		7				
3				9	5		8	
			3	8	1	5		
8		5	2	4		3	7	1
	8	3		1	2	7	9	
			6	3		2	4	
	4		8				6	3

Question 060

6	3		1	2	8	9		7
2		7			9		8	
						3		2
1			3		2	4		
	2	9	6	4		5	3	
	4			8			9	1
	7	1	2	5		8		
	8	3		1	6	7		
4	6					1	5	

Question 061

		3	8	5	4	7	1	
4					1	3	8	5
1				9			2	
	1	2				5	4	
8			4				3	
5	7	4		3				
9	5			1		4	7	
2		1	5		7			3
7	3					1	5	6

Question 062

			1		5			
9	5				6		8	4
	1	7			3	6	2	5
7			5					2
5	3			2	9			
2			3	1		5		9
6			9	5	1			3
3	8	9	7			2		1
		5						

Question 063

7	9	5	3		4	6	8	2
	6			5				1
	8		6		2		7	
	7	1	2	3			9	
5	3				1			
	4		8		5	2	1	
			1			7		
4		9		8	7		2	
3		7						

Question 064

				9	6	1		3
7	3	6		8		5		
		1	5	3		6		7
		7	9				6	
1		3			7		5	
		9					7	1
					9		1	5
	7			5		9	3	8
9	1	5			3			

Question 065

1	7				5		4	6
6			9	1		7	2	8
	9		6	4				
							7	9
			1				8	3
	4	8						
2				9		6	3	4
			7	8	4			
4			3	6	2	8	9	

Question 066

			2				4	3
	3	4		5	8		7	2
2	5		7			6		
4	8	6				7		1
			6	8	5	4	2	9
	2		4		1		8	
1	6							5
		2	5			9	1	
5						8		4

Question 067

1		2	4	7	8			
6					9		3	8
9		7	6		3	2	1	4
	6	4				1	5	
	9			1	6			7
						6	2	
8		6				3		1
			7					
3	2	1	8	6	4			

Question 068

			5	7	1	8		
	9	7	2			4		5
5							6	3
			8	5	6			
6	5		1		7			
		1	4	3				6
9	2	5					7	1
4		8	7				2	
				9		5	4	

Question 069

		3	2	7	5			
	5	9	3			2	7	
		8	4	9	1			
	4		8					1
3	1				6	8		
			7	1				3
	3	2		4		5	8	
6	9	4	5		3	1	2	
5		1	6		7	4	3	

Question 070

	7				4	2	5	6
		5		1			7	4
6	4			7		3		
			8		5			
3	1	9	7	2				
8				4			2	
		3	9	5			6	2
7		2		6	8		3	
5	6		2					

Question 071

		4	8	5		7	3	
				6		5		4
	3			4	7	8		
1		2						5
		3	1		9	6	4	
8	4	9	6	3	5	1		
3		6	2			4		1
4		8					6	7
5	9					2	8	3

Question 072

			4	1				6
	4	6		9	5		7	3
8	1		6	7				2
4	5	8		2			9	7
1						5	2	4
3				4				8
	3	5	7		4	2		
7				6		8	4	
6						7	3	

Question 073

		3				5		9
		6			9	8		3
9		5				6	7	1
3		8		5	7			2
1					4		5	
5	6	4		8				7
6		9			8		1	
7	4					9	8	6
		2			1	7		4

Question 074

		9				7		3
7	8					9	6	4
					7			8
		4			3	5		7
	7		2			8		1
9				1			4	
	6	7	4	2	8	3	1	9
					9	4	7	6
				7		2		5

Question 075

			8			1	6	2
2	6				5			3
		1		6		9		
9			7	3	8		1	
6	5	7	1	2				
	1			5	4			
1	9		5	4	3	6		7
	7	6			1	4		5
5					6	2		

Question 076

		7	6	9			2	
	8	2	7				9	
4		9	1	5	2	7	6	
9	7	5	2			1		3
2			5		9		4	
				1			5	9
		1	8	2		4	7	
	2		4	6				
	4	6		7	1			2

Question 077

	3	7			9	8	5	1
	8	2	5	1				
				4		2	7	6
9		3				1		5
		1	3		8			9
	7					6		2
	9				5	3	1	
		5			2	9		8
3		8						7

Question 078

7		9		8			1	
		5	7		6	9		8
	8	3			9		2	7
2		8		3	1			
	5				8			2
4	1	6			5	8		
			8	5	3			
	3	4	1					
					7	3		1

Question 079

						9		
4			7			5	1	2
5	1		8		2	3		6
6	4	1		2		7	5	3
						2	9	4
	2			7				
2		6		8	9	1		5
1	3	4	6	5		8		
8			2					7

Question 080

		5						4
4			9	2				5
	2	9				6	7	
3		2	8	5			6	7
5	1	8			9	3		
			2		4			8
	8	3	5	9	7			
2	7	1			8			
	5					7		6

Question 081

	9	4			8	7		2
	1				7			
	2					6	8	3
1		9		2	5		3	
			6			4	2	
2							6	
4		8		7	1		9	6
	3		8		6	1		
6	7	1	9			3	4	

Question 082

2		8	6					5
	3	5	1	9				
	6	4				9		3
6	7	3						
	8			6		4	7	
				7	1	3	6	
		6				1		
5	1	9	2			8	4	
	4	7				2		

Question 083

		1	4					
9	4		7		2	6		3
3	5	7		6		9	4	2
		2				1		
		5	9			2	3	8
		9					6	7
5		3	1	4	7			6
1	7	4		2	8		5	9
	8							

Question 084

		9				5	2	
2	7		4		8	9		
8	6		2			7	4	3
5	2		8	6	4	1	3	
		8					5	2
			9				8	
		6	3				7	
7	3	2	1	4	6	8		
9								1

Question 085

3			1					
			7			3		
		4	2	3		7	5	
7	8			4			2	
			8			9	4	3
4		9	3			8	6	
6	4	8		7				1
5			4		6			8
9			5		3			

Question 086

5			1	3	9			4
3	1		6	4		9		7
9		6		7		1	2	3
4				9			1	2
1		2	8	5			7	
	7		2				3	
6		4						
2	8		9	6			4	5
						2		

Question 087

			5		4	3	6	8
5	6	3	1			7	2	4
8	4	2		7	6			
9			7	5				
4		1		3	9	5	8	2
	3		4		1		9	
7	1			6		8	4	
6							3	1

Question 088

	7		1		6	2		5
					8			7
1		6		9				3
	8		6	1	9	7	5	
4	9				5	3		6
		7	3	4	2		1	
9			7					8
		5	2		3		7	1
		8			4		3	

Question 089

1	7	9	3			2	6	
2	6		7	8	9		1	
	8		6			3		
			2	5		9		3
	4				3	6		2
		2		9		7	4	1
6	2		5					9
8	3				1			4
5			4	2	7			6

Question 090

			3			9	6	
	9		8	7				
	3	2	4	6				7
	8	7		9	3	1		5
3			5	1	8		4	9
	5			4	7	6		8
5			9		4	2		1
8	7			2		3		
2				3		5		4

Question 091

6	5		2		3			
		9		4	7			
2	3	4	9	1	5			6
4		1	3					
7	8		4		2			1
		3					6	4
			5			4	1	
						5		3
9	7					6	2	8

Question 092

				8	4			
				2			1	8
2							4	9
4	5		8			9	3	1
			2					
1		6			3		5	
	9	5				3	6	4
6	7		3		8	1		
			4	9	6	8	7	5

Question **093**

3		2	8		1			
			5	9		8		
		5	3	2	6	7	1	
	6	1	4	8			5	
			2					7
	2	3	7		5	1	4	
2	1	7			8			5
					7	2		
		8	6	4		9	7	

Question **094**

5				8		6		
					9	4		5
			5		2			
2	9	4	8		7	1		
	5	1		3	4		8	
		3	6	9	1	2	5	
3		7		1			4	
			3	2		7		
9					8	3	1	

Question 095

			7					
5			9			1	7	4
					5	9	2	8
	5			7	9	3	8	2
		7	5	2			6	
	8			3	4		5	
1	7	5	8		3	2		
		6		1	7	5	9	
	9				6	8		7

Question 096

3						2		
	4	8	2	7	1			3
		1	9				8	4
4	3		7	2				
		5	1		3			
1		6		9	8			7
9						6		1
	6		3		2			
	1		6			4	2	

Question 097

3					7	6	2	
		9		3				8
	7		4	9	8		3	
			7	8	4	3		2
	3		6	2		7		
		7	5		3	8	9	6
					2			3
	1					2	8	4
								7

Question 098

8	5			6		7	2	
4						6	1	5
		1				4	8	3
5	4							
7	1	6	2	9		3		
	2	8		1	5		4	
2			1		9	8		6
6	8		3	2	7	1	9	4

Question 099

9		4	5	6	8	7		
6	5			2	3		8	4
		2	9			5	6	3
							4	
4	2		6	9	5	1		
3			4		7	2		
	6	3	1	5				
					9	3	2	
		9			6		5	

Question 100

			3	1	7	8	9	
7	2		8	4	5		3	6
				9			4	7
		8			9	7	6	5
								9
		7		6				
	1	5	9			6	7	
		2				9	5	
	7		6		8			4

Question **101**

8	1					3	9	
		2	3		9			1
	7		2		8		5	
			6		2	5		
			1	4	3	8	2	7
3	2		5		7	9		
5			4	3		2	7	8
		7			5		6	
2	8	4	9		6			5

Question **102**

	6	1		7	5		2	
	8			6	1			
3		5						
2			6	4				
			5		3	4		2
4				2	9			7
	9		1			2	7	8
6	2		7	5	4			
		7	9					5

Question 103

2		7	1			9	5	6
4	1		2		9		3	8
6	9				3	2	4	1
8					6	3		
7	6							4
	4						8	
1	7			8		4	2	
5			6			1	7	
	2	4				8		

Question 104

							2	
7	1	4	2		3			6
	2	3			7	1		
5		2	4	6				
8			7					4
4		1		9	8		6	2
1						6		9
	6	8				4	7	
3	4			7	6	2		

Question 105

9		5			4	2		
				1				
			7	6	9			
				5	8		9	
5	8		1		2		7	3
2				7	3		5	
					7	5	8	4
	4	2		8		3	6	
		8	9	4		7	2	1

Question 106

3						9	2	
8	2	9	1		7			6
		4				7		
2	3		4					5
	4	5	6				3	7
		8		5	3		4	2
		3		9	5			4
5			2			3	7	9
4	9		3	7		5	8	

Question **107**

				1				3
4		5	7					
				6		7		
		9		7		3		8
	8		5					7
	6		2					9
5				9	7	4	8	1
8	4	6	3	5	1		7	
			8	2	4	6	3	

Question **108**

		8		4				
1	3			9		6	2	
4	2	9			1	5	7	
6	4		1			9	8	
8			3	6				
	7			5			4	6
		6	2	1	5	4	3	
9					3			5
		4			6	2	1	7

Question **109**

4	5	6		7		8	3	1
					8			6
					1			
			6	2	3	4	1	
1		3	4	8			6	
5	6		1	9	7	2	8	
8				5				2
2	9			1		3		
6		7	2		9		5	8

Question **110**

5			1	7	8	6		
2		9	4	5	6		3	
6		1			2	5	4	
8	6	3		2	1	9		
1			8					
9								1
		8				3		5
4		2	3			8	7	6

Question 111

8				6				
7	6			2			8	
4		9				1	6	
9		6					4	1
	1	5	6	8	4			
	4			1	9	8	5	
				9			3	8
6		8		4		9		5
	9	4	8	5	3	6	2	

Question 112

	5		4	9	7	1		
	1							
	3		1	2				
	8	2	3		9	6	7	4
	7				1			2
				7		9		
			2	8				
		8	9		3		6	5
	9		7	6	4	2		8

Question 113

2			6	1				3
	6			9	3			
3		5			8	1		6
5	1	6			4	3	2	8
4			2			9		
				5		7		
8			3	6		2		9
6	2	4			9	5		7
	9							

Question 114

		4	8		2	1		3
7		3			1		8	
6	8	1	3	5	4	7	2	
	6	5	4		7			
	4					6	5	
1					6	8		
	7		1	4				
	5	8	6		9	2		
	1		7	2				6

Question 115

				1				6
	1		5			8	3	
8		2	4					
	9				1	7	8	
7	2		8	5		4		
5		4	7		6		2	
	6	8			5			4
	4		6	8				
3		5		2	4	6		

Question 116

7	1				9	2	6	3
			7		6	1	8	
4		6	8	1			5	
	8	3	6			5	1	9
	9	7						
5		1		9				6
	7	4	1	8		6		
		2	9			3		1
		9	4		5	8		2

Question 117

1	5				8	4	3	6
8	2		6					
7					3	2	8	9
		8	7		5		1	
3		5				7		
	6	7			4			5
6		1	3	5	2		4	
		4	8		1			
5			4		7		6	8

Question 118

		5				1	6	
6	1				9	3	2	4
9	4	3	6	1	2		8	
3		4		7		2	5	
	2				5	4	3	
5				3	4			1
8					7			3
4								2
			4	2	3			

Question 119

			8		7			
		5			6	2		
9			4	5		3	6	
			7	9				
			5				7	
1	7		2	6				4
	9	7			5	1		
	1	2			4		9	3
3	6	8	1		9	4		

Question 120

	1			4		6	5	
4		6		8		7		
	2							1
	3			2	6			
	8	4	3					7
6			4		1		8	
	6		5	1	4		7	
				9			1	6
1		2	6	3	8	9		5

Question 121

		4	5	3	7	9		8
	5			1	9		4	
9	1	3	8	6	4			
3		5	6	8			9	
1	8		9	4	3		2	
	4		1			3	8	
4							6	
		7	3				5	4
5		1				2		7

Question 122

	2	4					6	
	8					1	5	4
6	1	5				9	2	
							1	9
5	6		9	7				
9						2		5
	3		6	8		5	9	1
1			3	5	2		4	6
4			1			3		

Question 123

1				5			3	6
			9					
2	3		6	7	4			8
9		8	1		7		5	3
		4		6	3	7		
					9		6	1
3	9	1			2			5
	7	6	3	9				4
	5	2					8	

Question 124

2			1			7	3	
1	7	6		5	3		9	4
	4	9						
7	2	3	4					5
			9	2		4	7	3
		4	3				1	
	3	7		4	8	6	2	
5		2				3	4	
4	6	1				5	8	

Question 125

6	7		4				5	
4	2	1						9
5	3	8	2	7	9	4	1	6
		3		4			2	
	5		1		3	8		4
	4	7	8		2			
			3		8		4	
	1	4			5			2
3		2				5	8	7

Question 126

7								
4	2	6					9	7
			7	1	4	6		3
2						3		
	1					7		4
5	4			6			8	1
	8	4	6	5	1			
		2		9		4	1	
1	9				2			6

Question 127

			7			1	5	8
5		4	8					6
	6	1	5	2	9	7	4	
2	9		3		4			7
				7		3		4
		3		8			9	2
	8	2	1	3		4	7	
				6	8	2	3	
4			2			8		1

Question 128

6						5	7	8
	8		6	7		4		9
4		7						6
1	6					9	4	3
	4		9		3		8	5
			4					
	2	6		3	4			1
		4	7					
8	7		2	9	1	3		4

Question 129

7			6	8				2
				4				
		6		5	2	8		
	4			9		1	7	3
9			3	2	8			4
6		3		7	1		2	8
1			2					
5	7		8		9	2		
	6	2	7		5	4	8	

Question 130

1				7	6			
				3	2		8	
	2	3			1		5	
	3		8		5		1	4
		4	6	2	7	9		
2	9				4		7	
	6	1	2			3		
		9	1				4	
		2			9	8		1

Question 131

2		9	3	5		8	1	
					4		2	
		8	9	6			5	3
1			2	8		3		4
			4	9	6	1		
4	8			7		6	9	5
5	7				8		4	9
	6			2	9			1
9								8

Question 132

	5			9	6	2		1
4							7	3
	2		1		7	5		9
5	4	8			2	1		6
		3			9	8		
			4	6		7	3	
1	8	4		7	3		5	
		5			1	4		7
	7	2				3	1	

Question **133**

8	4			9		2	7	
			1		7	9		
7	1				8			
9	6		4	2	1		3	
	3	7	5					
		4			6			9
			8				5	7
			7		2	3		
	7			6	4	1	2	8

Question **134**

	7					4	5	
	2	9	5		1	3		
		5	9		4	7	1	
	4	2		8		6	9	3
1	3	8	4					
9			3		5			
7			2	1	8	9		4
2		3	6	4				
		4	7	5	3			

Question 135

					6	1		
	6	5		1				4
9		1			5	6		8
3	9			6	8		4	5
	8						6	
		4		3	7			
4	3	8					9	
	7					4	2	6
2	5				4		1	3

Question 136

9				2	4	3	5	1
					3	8	2	
		3	5			9	4	7
		2					6	
		9	4	5	7			
8			3	6		1	7	
5		7				6		
	9	1						8
	8		2	4	1			5

Question 137

			8					2
	2				1		8	3
		8		6				
	5		6		7	8		9
4	9	7				2		
			3			5		7
		4	7			6		5
		6		3				1
9		5	2	4	6		7	8

Question 138

			5	9		3		
7				2	8	1	6	9
	9	1	6		3		8	
9	6					2		
8		7		4	6			
5	1				9			
3	7							
			3			8		2
6				5	4		1	3

Question 139

1	6	7						
		4		1				6
3		2		6		1		
					2		6	
4	2	6	7			3		
8		5			1			
				9	3	6		5
6		3	1	7		2	9	8
5				2	6	7	1	

Question 140

9		4			3	1	6	
		8		9		5	2	3
5			8		6			
1	3	9		7			4	
	8							9
	5		6		9	3		
2	9			6	7			5
8		5			1			4
3				8	5	6	1	

Question **141**

6	2		5			4	9	
	3	7			4			5
						8		7
7	6	4			8	2	5	9
				5	9	6		8
	9	8	6			3	7	1
9	7	6					8	
		5		2			3	4
2		3	8				1	

Question **142**

5	6	3				7	8	4
	1	4			7	6		9
	9							3
		6	7	1	9		3	
	5						1	6
		2				4	9	7
	2		8	4	3		7	1
8	7				6		4	
		1		7	5			8

Question 143

2							7	6
6					9	8	1	
	1		2		6	5		3
8	6						5	
5	7					6	8	
3		1		6				
4		8	6	5	2	1	3	7
1	3	5	4	9	7			
7			1		8		9	

Question 144

				5		9		
	7	1			9	2	5	
		9				3	4	8
	5				2	1		3
	1		3	6	8		9	
	6	3		1			2	
	3			2	4		1	9
	4	5	9	3	7		8	2
6		2		8		7		

Question **145**

5						2	7	
	6		2	7	5		8	3
	2	7		3	8		1	
	3	5	1	6			4	
		2			9	3	6	
						1	5	2
			5					
		9	8	1	6	4	3	5
	5	1		4		8	2	7

Question **146**

		6	3	8	4			
7		2	6	5	1	8	9	4
	8					3		
	2	5				1		
9		3	8	1	2		4	7
		7			5			
		1			8		5	
	5		1				8	
		8	5	4	3	9	1	2

Question 147

	5		6		3		7	
7		3		2		8		
9						3		
5	2	6	4			9	8	
			8	5			2	
		8		9		7		
			9	6	1		3	
	3	9		8		2		
		5		3		6	9	

Question 148

	1	7	8	6		2		
2		9			3	7		
3		6	7		9			4
8		3				6		
9	7			5			1	
				3				
6	2		5	7	1	8	3	
			9		2	4		
	9	8			6	5	7	2

Question **149**

						5		
						1	4	
		4		2	5	3	9	
	6				1	8	7	
	1				7	2	5	
	2			8	3	6	1	
2		1	7		8	4		
7	3				2		8	1
8			3	1		7	2	5

Question **150**

		8					3	
	3		6				1	9
1			3	9	7	4	2	
			7		2			3
5					4			
	2	3		5				
3	7		5		9	1	6	2
9	8				1	3		
6	5	1		7				

Question 151

		8		9			7	5
2	5		7	8	4			
1		7	5				4	
5	2							8
	8		9	1			2	
3		4	6		8			
	3				7			
			3			2	8	7
9		5		4				6

Question 152

	5			9	6	2		1
4							7	3
	2		1		7	5		9
5	4	8			2	1		6
		3			9	8		
			4	6		7	3	
1	8	4		7	3		5	
		5			1	4		7
	7	2				3	1	

Question **153**

8	4			9		2	7	
			1		7	9		
7	1				8			
9	6		4	2	1		3	
	3	7	5					
		4			6			9
			8				5	7
			7		2	3		
	7			6	4	1	2	8

Question **154**

	7					4	5	
	2	9	5		1	3		
		5	9		4	7	1	
	4	2		8		6	9	3
1	3	8	4					
9			3		5			
7			2	1	8	9		4
2		3	6	4				
		4	7	5	3			

Question 155

					6	1		
	6	5		1				4
9		1			5	6		8
3	9			6	8		4	5
	8						6	
		4		3	7			
4	3	8					9	
	7					4	2	6
2	5				4		1	3

Question 156

9				2	4	3	5	1
					3	8	2	
		3	5			9	4	7
		2					6	
		9	4	5	7			
8			3	6		1	7	
5		7				6		
	9	1						8
	8		2	4	1			5

뉴메릭 스도쿠 중급

Question 001

9		6	8	4	2			5
			5			8		
	2			7	3		9	6
	8	9				5		
						2		
	4						6	9
			7					
					5	1		
8		3	4	9			5	2

Question 002

		6				3	9	
		9	2					4
4	7	8			9	2	5	
					8		3	
	5		1	3				
	2							
				4	3	8	2	9
					2		6	

Question 003

		4		8	7	3		
								2
				2				
		5	7					
2							5	6
	7		8			9		
1	8			3		5	6	
	5	3		7		4		
7	4				6	2	3	

Question 004

						1	2	8
		4				5		
		5						4
2		8	6	1	9			
	5					8		
7		9						
5			7					
	6		9		1	3		7
	9							1

Question 005

1			3				8	
			9					
6			8		4	3		
		8		3	7	2		
5	3		4	6	9			
	7		5		2			
		6				1		
	1						6	4
	4							3

Question 006

					2			8
6		7					5	1
			7			4	3	
	1						2	
	8	9	5			6		
5	7							9
		1	8		3	2	7	6
7					9	8		4

Question 007

					8		2	4
			1					
					2	7		
3	9				5			
				9	7			6
	7			8				3
	4	3						
8	6			1		5	4	
7	1		9	5	4		3	

Question 008

3					9			
			2	3	1		4	
	4	5						3
	5	6	1		4			
							7	
		4		8				2
		9	8					1
	8	3	9	4		5		7
	2				6		9	

Question 009

	8		5	3				
		2		9	7	8		
		5	6		2		9	
9								8
5	6		7	1			4	
			4			9		
8				4	3			
3				6			8	5
	2		8	7				

Question 010

						6		7
7								
	6		3		9	5		
4		9	7		6			
		2			3	4	7	
	7			9				
			8	3	7		5	
3			9			7		
2							9	

Question 011

		9		4	1			
	6			3				
		3		9		1	2	
						9		
1			3	7		5		
	2							
	1			8		2		5
		8						4
4	5				6		3	

Question 012

4	9	3				1		
			3					
5								
		5	7				9	
		2					4	
9							2	
1	3	4	6	5				
	5				1		3	
		8		3			1	

Question 013

		8	1					
			2	8		6		
	2	1			3	7		
7		2		6				
1			8					
				1				
4	8	7	5			2		
2					8			7
5	1	6				8		

Question 014

	5				6			1
				4				
		9		5			2	
7				9		8		6
8								
			8		5	3		
		1			4		6	5
			5	2			8	4
5	9		6		1		3	

Question 015

		9					3	
		7		2			5	6
3			4			9	1	
9					2		6	
			7	1		2	8	
			8				9	1
								9
2		8		9				5
						1		8

Question 016

	3	1	9					
	7					3		
	4				3	8	1	
		8		2				3
	2	3						4
	5		6	3	9	1	2	
				4			3	1
		5	2					
	8			1				

Question 017

		3	9		1			
							3	1
8	5	1		3		7		
					7	3		
2								7
			1	8		6		2
		8	7	6				
1	6	5			9			3
3						9		4

Question 018

	2		9			8		1
9	8	4	1			6		
3		2			8			
								2
		5		9			7	
	6					1		
4		9	5	7		3		8

중급

Question 019

	6		9	3				
			4			2		
		1					9	
	4				7			6
	7					9		
1	8				3			
3	5							4
		6			4		2	9
2	9			8	6	1		

Question 020

					2			
			5		7		4	1
		1			3			
			1	5		3	6	
	6					4		5
	2		3	6	8			
6	1	7		2		8	3	4
				4	1		2	

Question 021

5			6	8				2
9				4		7		
		7				1	8	
			1	5			6	
	2			6			7	3
4								1
			5				4	
6		5			8	2	1	
		9					3	

Question 022

						7		8
4								
						9		
							2	
		4				6		
9				7		1	8	5
1	2		5	8	6	4		7
		5		3			6	
		9					1	

Question 023

	7				4			
				5				
6				8				
5	8			6	2	1		4
	3		1	4				
1		2	8			3		
3		4				2		
7	6		4			5		8
		1	5	3				

Question 024

		3	9			6	2	5
					1	4		
4			2					7
		1			9		5	
	4	7		2	3			6
					5			
			1		2	5	4	9
		9						2
		4		9				

Question 025

7	9			4		3	5	2
					1		7	
					7	6		
	8			3			2	
		5						
	3					7	6	5
			7					
3		6			2	5		
				6	3	8		

Question 026

		5	9	3	8			
	2		4	1		3		
	6							
7		4		5	3	9		
8				4				1
		9			1	6		
	7						1	
		2		6				
4	9		3					6

Question 027

	5			7	8		1	
3	4		6		1	8	5	
	1			2		9		
2						5	4	9
					2	3	6	
	2			5	3		8	
				8			2	
			2			7		5

Question 028

			4		1			
	4		7	6				
						4	9	
4				1				
	7	3						
			5		4			
			1	7	5			
		5	3	9	8			
		8	2	4				3

Question 029

2		7		5		4		
		5		2	6			
9					4			
5							8	9
				4				6
		6	5		8			
		3		7		8		
7	1	2	9		5	6	3	
				1				

Question 030

		1						
	3				1		6	9
	8	9			6			
	4	6	8					
9	5	8		2			4	
					4		8	3
				7			9	
1	7					6		
			3					

Question 031

6			3					
	5	3		1			4	
4			8					
9	3							2
7			5	9	2			3
5								
		6		5				
1			2	8	6	9	3	5
	9	5	7					8

Question 032

1			4			6	3	
	3	5	7	6	8		9	
				8				6
5			3		6			9
			9	2		7		
7	5							
3		1			9			
	9						7	

Question 033

8				2			6	
	9			4			8	
2								
9	2		7		4			
7				3	2			
		3					4	
4	1							
	8							
3	5	2		6	9		7	

Question 034

2					4		1	
			5		6	3		7
	6		9	3	2			
	5	2				6		1
	4	3				2		
	1				8			3
			3				6	
5			6		9	1		
3	2				1			

Question 035

				5				9
			6			1		4
				4		7		5
	6							7
								6
	1					8		3
5	9					3	4	
1			9	6				
	7	4			1			

Question 036

8						2		3
		9				6		
		2		8				
	8	4	5					6
						8	3	4
							9	
	4			6			8	
6	9	1					4	
7		8		9	3		6	

중급

Question 037

	3	1						4
7	4							2
1		3					4	
				5		7	3	9
4	5	9			7			
	6				8		7	5
2				6				3
		8		7	3	4		

Question 038

1	5				4		9	6
				1	2	3		4
			9				7	
		6						
5						8	1	
		1				5		
4			2			6		
			7	4		9		
	9				5	7		

중급

Question 039

					2			3
7						5		
3	1			8	9			4
		2		5				
		3		9		4	8	
			8	6	3	9		
	3		9			7	5	6
						8	4	9
8	9		6					

Question 040

		3	2					
	1	7	3	6	4	5	9	
4			7	8		3		
			6					
	6	8	4					
	7		8	3	2		4	
2	3		1					
1		6						
				2			6	

Question **041**

						5		
	2				1			
							2	
	3	5			6			
	9	8		2	4	6		
1		6	9	8				7
4		2	6	3				
							6	
	7			4		3		2

Question **042**

1						5		2
	5	7		9	8			1
				5		9		
8					9			
				1	5		4	
7					3		9	5
				3		1		
			9		1		2	
9				8				4

Question 043

		6		1		2		
			6	7	3	1	4	
							7	
	6				7			3
			3		6			
						6		7
		7	4		8		6	
8		3	5					
6				3		5		8

Question 044

			9				8	5
			4	8				
					2	4	3	9
4		8	2					
			8		3		1	2
				5				
			3	2		5		
			5			8		
		4	6				2	

Question 045

		2						3
3	5	1						9
9		4	3			1	2	
2								
6			4					
	4						7	
			6			8		7
5	7		8				1	
			1					

Question 046

	6							
		1	5	3	6			
5				4		6	7	
	1						4	
		7		2	8	1	3	
8	3		6	1	4			7
					3		8	
	5	2						1
	8		2			7		

Question 047

		4		9		2	5	
	2			3	4			
							4	
		5				6		
		2						
9				8				
7			2	4		8	6	
		6		1			9	7
		8		6				

Question 048

				3				
	6	8			4			
				8				4
8	9	2						5
	1			9	5	8		
	5			4	2	1		
	7	1		5	9			
	3				8	5	1	
		5	6					3

Question 049

		1	5					
7		2						
9		8	7	6		5		2
	9					3		5
				4				8
						2	7	
5		7	6				2	
	1							
				8	4		5	

Question 050

	4			3	7			
		3			6	1	9	
	2				4	7		6
3		2				8		5
1				2	3			
					8		2	
7	3	6						
					9			
		5	3		2			7

Question 051

		8		3		1		
9		5	8	2	1	7		6
	3		9					
			6	8	9			
8			1					
				5				
	8					3		
							6	5
3			5			8		

Question 052

		8		3				
4				8				
					2	3		
2			3			4		9
3								
5	7			2	4			
	2	7	4					8
	6					1		5
8							2	

Question 053

	5		1	2		3	4	
1							6	
				7			5	1
3			6			5		7
7				8			9	
8			7		5			
	3			4		8	7	
				3				
5	7			6	8			4

Question 054

1								
				6	3			2
9		5			4		3	
2			4			3		
7	8				6			4
	5	4			9	6		
	1	9			2			3
		2	3	8				
					7	2		

Question 055

		1						
				2		9		1
	9	6						5
1				5			6	
		9		6				
	6		1	8	3			
		7		4		3		
	4	3		1				6
2	1						4	

Question 056

				2			8	
8	1			7		9	4	
		9		8		3		
		3		1		4		
2					5		1	
9	5				2	6		3
		6				2		
	3							1
			2	9		5		

Question 057

		9	8		1	6		
1	5	6		4				
						1		
		3	6				1	
				3				
4		2	1		9		6	
6						3	9	
8					2			
		5				2	4	8

Question 058

7	3	9						
2	8			5	7		1	
6		1					9	8
	1				9	4		
					3			
		8			6	9		
				9		5		1
	2	7				8		
		5						2

Question 059

	4	8	2		1	6		
2					7		8	5
7					6	2		9
5						1		2
		2		1				
	8			9	2			
		4	3					
	7	9			4		5	
			6			8		

Question 060

					1			4
		6				5		
		1					8	
			1		6	9		
		7	4	5				6
1		8	9			4		5
9			7		5			
		4	2	3				
	7	2						

Question 061

						7	9	
	4			1	7			
			4					
	8		5		2		7	
	5					3	4	1
							2	5
	9							8
8			9		4	5	6	
	2		1		8		3	7

Question 062

2		6						5
3		7			1		8	
					6			
			1	2	7			
1	2	3	9					
		8						9
8						5	9	
					8	3		
	9	2						

Question 063

1			9		4			7
		4		7	6	3		
	7			8	1	5		9
	6	8						
			6					
					2			
7		9				8		6
					9			
			8	6	3	9	7	4

Question 064

	1				5	3		
			7					
4				1	3		5	
	5	2	9	4				7
						1		
						5		
	6				9			1
3				8	6	2		
1		5		7				3

Question 065

	6		9			4		
	4		5		7		1	
		5	3	4				
9	2	3		5			6	
5		1			3		2	
	7							
1	9	2	7					
	3			6				
	5			9		1		

Question 066

	3	5			4			1
6			7		2			
	7		5	9			8	
1	9	3						5
		8			1	3	6	
4	6	7		2			9	8
		9				6		
3						8		

Question 067

	5		9	8	2		6	
	9			6	3		7	5
				1				
			7	3				
	7			2				
		2				6		7
6			8					
4	3		2			9		
	8			4		7	1	2

Question 068

			3					
7	8				2			
2			6			8	4	
	2		4	1		9	7	3
5				8	3			
	4					1		8
				2			3	
	9							6

Question 069

1								
5	2		3	8		6		
3				2		4		5
	1	2	6	5				
		5		4				
					9			2
6	7			3				
	9						3	
			1	6		7		

Question 070

2		5					9	
	6	4				8		
					6	5	4	
		2			8	6		
		6	2		3			
4	5							
				8				5
	8	9	3			7		4
5		7						

Question 071

						6	2	
4		9			6			
3				8				
		8	5	6	2	7		
		5					6	2
			8					9
8			7		1		5	6
			6		3			8
				5	8			

Question 072

			9	6			3	
	2			5		9		
						1	7	6
	7	9		8	6			
4	1				2			
		3			1	7	8	9
			2				9	
	4					2	5	
			8					

Question 073

5				6	4			1
				9		3	8	
	9		7			2		
	3							9
	7					1		6
								2
	4						1	
3		6	5					
			9				4	3

Question 074

				9		3		4
2					4		7	
		8				9	5	2
		5						
		1				7		6
		6	2			5		9
					6		1	
					3	8		7
	9						6	3

중급

Question 075

	7							
	3	5						
2						8	7	6
							6	4
		8	7					1
	5			4		2		
			2	3				8
			4	9		6		
		2	6					5

Question 076

3	4	1		6	5	7		
2				9		1		
			1	4				
8			2					4
	2					3		1
	7	4		5				
							1	3
	1	5				6		
	8	3	6	2				

Question 077

			5			1		9
	1						8	
					8	2		4
		8	3				4	6
			1		7	3		5
7			2					8
8							5	1
						8		3
							9	

Question 078

2		5						
	3				6			9
		9			5			
							5	7
	5			2		9	4	3
9		3	6					
	4	7	5	6		2	3	
		2						6
	9							5

Question 079

4							2	9
	7							3
9		6		7				
		4		1				
	1			2		3		
		7	8			1		
	4			8				6
8								1

Question 080

3				8	7		9	1
	9				5			7
			9					
		8						
	3	4			8		6	9
		2	4		3	8	7	
6		3					1	
		9		6			2	

Question 081

1	7	5	8				9	4
		8	7			5	2	
				6	5			
2					1		4	
5					7			
8		7				3	6	5
3	8	4						2
7								
				4	8			

Question 082

7					8			2
						3	7	
	2	8			3			
8							9	
			8		1		5	7
6		7		4	9			
	6							4
1	7				4	2		
2	8	4			5	9		6

Question 083

				8	4	2		7
6		7		2	5			
			7					5
4		2	8					6
7	3		4	6				
1	8	6				4		
	7	5	2					
			6	7		3		
	6				3			

Question 084

		7	6			8	5	
				4			1	
4			8	7	3	9	2	6
7			2		8	6		
8			9	5		1		
						7		
		6			2			
		4				2	6	1

Question 085

7	2					3	9	
					2	5		6
9			3	8	6	2		
					8			
2								4
8						7		5
5	7			6		1	2	
4								
	1							7

Question 086

8	7		3	9				
1						9	6	
				5	4	3		
			9					
		6		4	1	8		
	4				3		1	
	2	7						8
			4	7			3	

중급

Question 087

3							6	
	8	9					4	1
	7	6		3				
				1				
						5	1	2
		3					7	8
2				4	1			9
			2		7		3	4
		4	8	9	5		2	6

Question 088

		1	5	4				
			9					
5	4			8				1
				1				8
6	1		2		7			4
4		7		3		5		
	8	6			5			
				6			8	

Question **089**

		8		9		3		
					6		5	8
5					7	4		
3				1	2			
							8	
6		1	9	7	3	5	4	
		7						
	9		6	4				
				2		6		

Question **090**

		3		5				1
		5	4					
			6	7	3			4
		2		4	7		5	8
4					5			
				6			4	
			7	1				
	7	6			4			5
			5					7

Question 091

	4		6				3	1
							9	
				4			6	
8	7	4		6		5		3
5						8	4	9
		3		5				
	8	2			1		7	
6					4			2
		7	8		6		5	

Question 092

		9		4				3
1	2				8	9		7
6		4		9				
3			6		9	7		
								6
7			8					9
		6			7		9	
			9		2			
2	9	7		5				

Question 093

9		3	6				5	7
				8				
5			3		9		4	
3	5		9	2			6	
					8			
8	7			6				
6		4				3		5
7	9	8				1		

Question 094

	3		7	8				
					9		3	8
			4	2				1
						1		7
4	5							
			9		2			
6		4		9			8	
8	7						1	
			5				4	

Question 095

8								
				7	9	3		4
			2				7	5
	7	6			8			
3	2		9	1				6
		9	8		6			3
2		5	3				6	
	6				5			8

Question 096

	8		3					
1		9			5			6
7			9	4		2		
	4			9		1	3	
						4	8	
			5					
4	1		6		9	3	5	
8	6			5				
5	9							

Question 097

		7	6					
		5	7			1		
3						4	7	
9	8		3					
		3	4		6			
		1	9			3		
		2	1		3			8
	5				2	9		
		8						2

Question 098

		9					1	
			9	5		7		
	1							5
	4				3			
				1				7
9								
	9		1	4	6	8		
1	6				7			9
	7			8		2	6	

Question 099

		5	3		2		8	
6	1					9		
	8							
		2		1		4		
3			2	4				9
9	5	4	7			1	2	
	9			3			4	7
				8		3		
4					9	8		

Question 100

	9			5			8	
				8			3	
5			9	3	4	7		
	7	5				2	6	
	8		5	2				7
6	2			7		3		
		7						
1			2	4	5		7	

Question **101**

3		6	4	1				
			3		2			
					5			4
8			9		6	1		3
6	1				4		9	
9								8
		1					5	6
4	6	5						

Question **102**

	7		8	1	6			
					5	1		
	3		4		7			
			1	8			4	
4		3					1	8
1		6		5			7	
								6
				4			8	
		7					5	1

Question **103**

7					8		6	
9							4	1
4		2	5			9		7
		5		1	9			
1				8	6	4		
			3		5		7	
		9	1		4		5	
	8					6		
				5				4

Question **104**

		6				3		
			8		2	1		
9		8				7	4	
						4	5	
			3			2	7	
4								
2		3	9					
8	5	7						
				8		5	2	3

Question 105

	1		7	2	3	5	8	
				1			4	
8		1			7	3		9
4	7	3						
	5	7		9	6			
	4		2		5		7	8
3	6	8	1			9		

Question 106

		4		5				
					1			4
2	8		4		9			
	4		8			1		
	2	7		9	6	5		
	1			2	4			
			9			4		1
	3				5			
			2			6	3	

Question 107

		6						1
	5		1	3				9
					9			
				9	3		6	8
9		3						5
				1	7			
	3	7					5	
				4	5			
	2					4	9	

Question 108

4								
	1			5				
9		2	4	3		1		
7		3		6	2		8	
	4	1						
	2	5		4			9	
3			2		9		4	
1								

Question **109**

				3				7
	1		9					
	6			4				2
9	2				4			
	5							9
	7		1					
	3						2	
4		1	6		3		9	5
							8	6

Question **110**

			8		5	7	6	3
	8	4		1	3			9
								8
	1				6		3	
	3	6			9			
				3				
4	9					3		2
1	7				8			
	6					8	9	

Question 111

						9		1
	3				1	2	6	
	1				6	4		8
	2						7	
		1		3		6		
5				6				
	5		9		3			6
3	8	6						
	4	9	6		2		8	

Question 112

	2		6			8		4
4			9		7			
		9				7	1	
			4	2	6			
1	4		8				2	9
2	8				9		3	
	9	2		4				
3		5	7		8		4	

Question **113**

			2				4	
	3				8	2		
7							3	
		4		9	7			
6	2	9						
3	8	7			6			
					9			
2	7			5	4		8	
		1				4		5

Question **114**

4			8	3				
	6	9			2			3
	3	8	7					
6			3	2		9	5	
			1					
			6					
	4			8		5		
					3			
			9			2		4

Question 115

		8						4
9							3	
2		3				9		
	2							
			6		5	3	4	
6					8		1	2
						4	8	
			8	4	3			
4				5		6		

Question 116

5	8	7		1	2	4		
	6		8					
4	2							7
1		2		8			4	
8		3					5	
7	1			5				8
2	3		7	9				
		8	1					

Question 117

7			5			8	3	
8	1	3			4		6	
4					8	7	1	
	8							
			4	8	1		9	
	3		7					1
	2			3				
		8		4				

Question 118

1	8		9				6	
4	5					1		
		9		1	3			
3							1	
8								
		4			1	8		3
	4	8	1	7				5
		1		3			9	8
5	3			9	8			

Question 119

7								
	8							
5		3		8				
8			9					2
2		7	3			4	9	
					1		8	
	5				4			
			1	6		5		7
				3		1		9

Question 120

	2				3	7		
			5	4			1	
				2				3
2	9					1		6
	6	5		7		2		8
3		7			9	5		
			7	3	5	8	6	
								7

Question 121

4	2	5		8		6		
								5
9								
			7					
7		3		5	8			2
6						5		
			5	6				1
	6		8	3	1	7	5	4
					7	9	3	

Question 122

5		4				1	2	9
			9				3	4
9				6	1			5
1	5				9			3
	4	6				5		
		3						2
			3			2		
		5		1		9		
4						3	8	

Question 123

7		8	1		2			
		1					6	
3			7		8			
4								
8								
1	2		6	4				3
6	1						3	5
5	8							6
	4				6			

Question 124

			7		2		6	
	7							
	6		3	5				9
	5		1		8			
	2							8
			2		5			1
8				4	1			
5			9		3	1		
	1					5		

Question 125

	3				8			
							9	5
	9					1		
					2	5		
		5				3		
7	6	3	1		4		8	
			8	3				
					9			4
	2	9		4	7	6		8

Question 126

2		5		8				
9	1					2	8	
	7		2					
					8			
1						5		
				4			1	
	5	1	8	2				9
6						8	5	
	3	4		9	5		7	2

Question 127

5	1							
	8	6						
		9	7	5		1	6	
	4							
9	2	7			3		4	
								9
	5	3						
			6				1	
1	7			9				8

Question 128

	3					1	8	9
			5				3	2
	9			3				4
				7			9	
9			1			2		
							1	
8	5		7					3
				9	2		6	
3	6	9	4		8			1

Question 129

7		3	5	6	4			9
				3				
	9	1		8		4	3	
								3
			6	4				
		4	8					
8	1	9						
4			3		2		9	
								4

Question 130

3	5							
	7		4					
1				9	5			
			5	8		9		
		7	1	3	9			
7		5			2		3	
		1		5	6		4	
	4	6				5	8	

Question 131

				2				
			4					1
8			3		1			2
	4				9	3		8
			8	4		1		5
	9	8			3		2	
9	7	3		1	2	8		
			7					9
				8	6		3	

Question 132

	1		6			3		
6	5		9	3	7			8
	3		8					
		3			2			
5	2					9	8	
						5		
				1				
	6			5				4
3						1	5	

Question 133

		9	8				6	
5					2		8	4
	8			4				
						6	7	9
			7	1	9	4	2	
7			3					5
				7	5		4	
	4			9				
						2	3	

Question 134

			6			3		5
		6	8					
5					1	6	4	
								1
8		7		1			2	4
	1		2	4				
7			1			2		
1						7	5	
				8	2			

Question 135

					3		1	
		3			1		6	
					5	7	3	9
4		9		1			8	5
	1						9	7
7			5			2		1
		8	3	2				
				6	8			
				5			7	

중급

Question 136

		7	4		6			
		9	3				1	
		4			5		9	
			5		4			
	1				3		4	
4	2	8	9	6				
5			7			9		
	4		6	5	9			
	7	3	8				6	

Question **137**

	5					2		
	6	8		9				
7	2			5	1			
		2					4	3
					4			
		4	1				2	9
2					6		8	1
3	9				8	4		7
	1				9		6	2

Question **138**

			4					6
5	7	2	1		6			
			2				1	
			5	4	2			1
2		3		6			4	
	4		8	1	3			
	2						9	7
						2		

Question 139

9				6				
		5	4	7		6		
	2	6	9					
			6		8		7	
			1					
2			7		3	4		
4					6	8	2	7
8	6	1		3		5		
				9		3		6

Question 140

				6		3		
	2	5	8		7	1	9	
	9			3		7		
		2			1			7
	5	4					3	9
		3			4			1
5								
								3
			9		3			

Question 141

			4	1	6	2		3
						6		4
	6					9		1
	1	8			4		6	2
					3			8
2		9			8			5
4			6				3	
		6	8	9				
	8		3		7			

Question 142

		5						
			2		8			5
	9		7	4	5		3	
9						2		
					2			8
	2	8				7		
				3		6		
2		9			7			4
	6				1			

Question **143**

1			9		3		4	7
6	2							
		3	2		1	6		
			3		6			
	9	7				4		
					7			
	1					8	3	
	6	5					9	4
9	3				8	1		

Question **144**

1					7			
	2		1	4		6		7
							3	
	7							
				8		4		
	1	8	9	5				
4				1	2			6
	9	2	5	7	8			
	3		4	9				2

Question **145**

	5		2		6			1
						5		
9		1						
	3	2				6		
					1		5	
	6	9	3					
6			7			1		
4	1	5	8		2			9
			9			8	6	

Question **146**

		6						
						7		1
3			7			5	4	
	3		6			1	5	
				5		3		
			3	8	9			
1	6			2			9	
	8				3	6		
		2				4		

Question **147**

	2	6				8		4
			7				6	5
	5	3						
				1				
							4	3
		4		2				1
				5		6		
6			8	7	9	4	1	2

Question **148**

			5				8	
		1		3				
7	2			1		9	5	
4		6			2			9
	1			9				
		2				8		
6					4			8
2		7			3		9	
1		5	9	7		6	3	

Question 149

	3					2		1
		8		1	9	5		
2					4			
1		6			3	8		
				6			9	
8	9			2				3
9					2			
				3	5			
3	8			9				

Question 150

				6	8	1	2	9
			5				3	4
9	7	2	3		4			
	2		6			3		1
	6		9	7	2	4		
	4							
							9	
3			1					
4		6						

중급

Question 151

2				9				5
9								
	3			7			4	9
					4		3	
						8	9	
4				3		5		
1	8	3						2
			6	2			7	
		6			9	4		

Question 152

7				3	4			
			7				2	4
		5		2		8		3
			3					2
					9	3	6	1
3	5		1	6	2		4	
	3		6	1				7
6						2		

Question 153

							4	
	2			6	9			1
					4	2		
		5			1			8
	3	7				1	5	
7				8	6	9	1	4
				1			6	
	6			9	7		3	5

Question 154

			1				6	7
		8	2		6			9
	6				4		1	
	3	6				4	8	
7		1			5			3
	4					1		2
		3					2	4
8				4				6
			5	8				

Question 155

	9	4				6	5	
1							4	2
				9	4			1
								4
3	7		9			1		
			7	1	6			
6					9			
4	8			6				
		3	1					

Question 156

					8	6		
			2	5	3			
	2			9				
4		5						
			7					
	7	9		8				4
		7	3	1	5		8	2
	4	2		6	9	5	3	
		8	4			9	6	

뉴메릭
스도쿠
고급

Question 001

		3						
				9				8
8			2	4	1			
	2	9		3				
							3	
	4				2			9
	6			2				7
9	3					8		
2								

Question 002

	5	8						
		3						8
			2					
4			8					
			7	6				9
7		9	3			8		
	4				7	2		
							3	
			1			7		6

Question 003

	8	6						
9				6	1		5	
						7		6
	4						9	
					7		1	5
					9		3	
6					5			
	1	8		3	4			

Question 004

5						4		
				8		1		
				3				
3	1		7	4				
			8			7		3
8				5			4	1
	5							
				9	5			
	9	1					7	

Question **005**

				1	9			3
					3	1		
5			7					
		6						1
	7	8	4	9				
4								
					7		6	
	2	4					9	8
	6							

Question **006**

	9				4	2		3
2				7			1	9
3					2			
						5	8	
	2	3						7
	7						3	4
					7			
9								
			4	2				

Question 007

		1	7	8				
						3		1
		6		4				
		9						
	3				8			
			4		7			
				2		4		
			9	3			1	6
	6	4						

Question 008

		6	5			7		
		1						5
	5			6				
	8						5	
			8			4		
		4		5	3			
5				3				7
7	6							
1					4			

Question 009

	3	1		4				
			7		5			
			3		1			
		2				8	4	
				9	4	6		3
7	4		6		2			
	6		9		7	4		

Question 010

	3					8	9	2
					5			
				1				3
2				7				9
4		3					2	
		9	4		1			
		1		6			8	
	8							

Question 011

6			1	3				
							3	1
4	6						5	
	7	9			4			
	5		3				9	4
9								
5						2		
	3			9			6	7

Question 012

		4					6	
	8			6	3	7		
	6						4	
1							2	
	5			3				
	9							
		3	7	1				
6	2	1		8			7	4

Question 013

				4				
8		1	7				4	9
							6	3
		2				7		4
		7						2
	1					4		
		9			4		2	
				7	3	9	1	

Question 014

				8			3	5
			3				4	
	2				3	9	1	
								6
	3		2	9	5		8	
			4		8	3		
	8					4		

Question 015

7				4		8		6
5								
	1							
			5	6	4		7	
		7	1		3	6	8	
				7				5
				1				
			4					
9								

Question 016

5								8
		1		6				9
	7			5		3		2
		5						6
						2		
		7	6				2	
	5	3				6		
6						1		4

Question 017

		7			1			2
			3		7			9
					9			
8	6	4				9		
						2		8
			9		8			
	1				6			5
7			5		2			

Question 018

4		1	7					3
3	7							4
6					4			
		4			5			
				1	3			
8				7	2			
	8		1					
					8	6		
							1	

Question 019

2								
	6	3		4				
		1			6			
		8						
3	8	2				4	1	
	4	9		1				3
6			8		4	7		

Question 020

			3			1	2	
					1			
1		3	9				6	
7			4					
4		2	1	5		3		7
				9				
	2		5	6				
		8		1				

Question 021

	2		8				6	
8								2
		4		8				
		5				9		
6	7		1					5
9			2					
5		8						
		2			5		4	

Question 022

		9				5	2	4
1	2			6				
						1		3
			6	3		4		7
			2					
8			7		2			1
2		1		8				

Question 023

1			8				9	2
	7			3				
8			5	9	2			1
								3
		7	3		9			
3								
				8			2	
				6	3			8
6								

Question 024

			8	2				
					9			
	1		5	8				3
						5		4
	7	4						
			7				1	9
3	6	1		5		8		
					3		5	2

Question 025

<table>
<tr><td></td><td></td><td></td><td></td><td></td><td>3</td><td></td><td></td><td>1</td></tr>
<tr><td></td><td></td><td>3</td><td></td><td></td><td></td><td></td><td></td><td>4</td></tr>
<tr><td></td><td>1</td><td></td><td></td><td>4</td><td>2</td><td>8</td><td></td><td></td></tr>
<tr><td></td><td></td><td>8</td><td></td><td>1</td><td></td><td></td><td></td><td>2</td></tr>
<tr><td></td><td>4</td><td></td><td></td><td></td><td></td><td>6</td><td></td><td></td></tr>
<tr><td></td><td></td><td></td><td></td><td></td><td></td><td>4</td><td></td><td>5</td></tr>
<tr><td>3</td><td></td><td></td><td></td><td></td><td></td><td></td><td>4</td><td></td></tr>
<tr><td></td><td></td><td>6</td><td></td><td></td><td>9</td><td></td><td></td><td></td></tr>
<tr><td></td><td></td><td></td><td></td><td></td><td>5</td><td></td><td>9</td><td></td></tr>
</table>

Question 026

<table>
<tr><td>9</td><td>7</td><td></td><td></td><td></td><td>8</td><td></td><td></td><td></td></tr>
<tr><td>5</td><td></td><td>6</td><td></td><td></td><td></td><td></td><td></td><td></td></tr>
<tr><td>2</td><td></td><td></td><td></td><td></td><td></td><td>8</td><td></td><td>9</td></tr>
<tr><td></td><td></td><td></td><td>2</td><td></td><td></td><td></td><td></td><td></td></tr>
<tr><td>1</td><td></td><td></td><td></td><td>9</td><td></td><td></td><td></td><td></td></tr>
<tr><td></td><td>5</td><td></td><td></td><td></td><td>1</td><td>9</td><td></td><td></td></tr>
<tr><td></td><td></td><td></td><td></td><td></td><td>2</td><td></td><td></td><td></td></tr>
<tr><td>8</td><td>3</td><td></td><td>1</td><td></td><td></td><td>7</td><td></td><td></td></tr>
<tr><td></td><td>1</td><td></td><td></td><td></td><td></td><td></td><td></td><td>3</td></tr>
</table>

Question 027

	9		1		6			5
			9					
		6						2
				4			8	
							3	
				2	3			
	4		3			6		
						8	5	
	8						9	3

Question 028

					5	8		
7	5		2	8				3
							5	
	8							
			8					
							8	
				7	8		2	5
2	3							
				1		4		8

Question 029

		6				4		
						2		7
				2			9	
5			6			7		
							5	
1	6					8	2	4
	3							
	1							2
8	4	5			2			

Question 030

				5				4
6				7	4	9		
1			9					
				4		7		
		6			1		9	
	1						3	
	6	9		1				
		1		6				

Question 031

1								
			1					
	2		7			1	9	6
					4	2	3	
6							4	
	4	6			3		5	1
2							6	
	8							

Question 032

	2			1				6
5						1		
								9
					9	3		
9								1
8		3						4
	9		7			6		8
		5		6	8			

Question 033

	8	3						
		5	9			1		
		1	6	5	3	9	8	
3			5		6	2		
						3		6
5		6					7	
								8
			7					

Question 034

5	4	1						
8		2						
		3						
								8
2	8				7			
					2	6		7
			6		5	1		
				7	4			9
		8						

Question 035

				6				4
						1		7
			8				6	
				4	8		7	5
		8		2				
				1		8	2	9
		7					5	
		9	2	5				
			4					

Question 036

8								
4						1		
7		6		4	8			
6			9		4	7		
	9		8	6		3	4	
				7				
	3	7				2		

Question 037

			8				7	
	2					8		
								4
	4				1	9		
	1	9			5			6
8					7			
						5		2
5					4	1		9
	3				9			

Question 038

						6		9
	1			9				
		4					2	
								2
		7					6	
		9	7					
		2			3	8		6
	4		6	5			9	
				2	4	1		

Question 039

	1				6	4		
	7		4		1			
5	6		8	9	2		1	
						9		7
8					7		4	
	5					3		
					4			

고급

Question 040

		4			7	9		
	5		9				6	
7			3			1		
				3	4		1	
							5	
				1				
			4	2	3			6
						5		4

Question 041

	4							
				4	1			
7	9		8					
				9				2
			2					
3	8				4	6		
			6			1		
			7		9			
		5	4		2			3

Question 042

3		7					9	1
			4		8			
				7			4	5
						6		
1				5				
			7			1		2
			8		7	5		
		6		1		9		
								8

Question 043

			4					1
					1		5	
		6					3	8
					2			
			1		5			9
	9							
			9	3	8	5	6	
								4
3						9		

Question 044

				7			5	
		3	9	2				
				8	5	3		1
8	9		6		3		2	
	6	4			8			
							8	
		2		6		5		9

Question **045**

	6		5					
	5				4			
	1	3			2			
				8			3	
				3		5		7
	3					1		
	4					9	7	2
		5					6	3

Question **046**

		6						
		4						
		3				9		
		7				4	1	
	1			3	8	5	7	6
						2	4	5
6				4	1			
	4		5					

Question 047

			7					
			2					
			8			7	5	
					7			
	2	6				3		
4	7		6	3				9
							8	3
					2			
2	1							7

고급

Question 048

5							4	
4	6	8						5
				5	1	8		
					2			
	9			6			2	
								9
	4	5	7		9	6		
			5		6			
			1					

Question 049

		7				4		
	3			2				8
	8	4			3		2	
2				3	9			
		9				2	3	
				8				
						5		
	5		3	4				

Question 050

	4			7				
			6				1	5
								2
	9			1				
					3	2		1
			5					
			4					
2	8				9			
	5		8			1		6

Question 051

9								7
8								
2		8						3
7			9					
3					6		7	2
				4	8			
	3	2					6	1
				1			2	4

Question 052

	8			1	9			2
		9			2			
4		1			6			
1								
			1	7				
				2				
6	4	5		3		1		
	3		5					

Question 053

			6	5		2		1
		1						
4		7	3				8	5
					5		9	
								6
			1					
	1	3			9			
	7					5		9
			5					

Question 054

				3		4		
3	4	2				5		
1		9						3
			4				9	
					1			
9			2					
	3	1	8				5	4
4						9		

Question 055

5							8	
4	7					6	3	1
						2		
6	5		2			3		
	8		5					
				6		5		
		7		2			4	
			1			8		

Question 056

				6				
	8		1				3	
	6		3		2	1	9	
1		6						7
					4	9		1
					7	5		
	1	3						
					1			
						2	1	

고급

Question 057

							4	
	4	5			9			
								5
			5					
				1	8			7
		1					8	
				3	5		7	
		3					9	
			4	8	1		5	

Question 058

		6					8	5
			6	4			9	
		2					6	
6	7							
							2	
	5		8					
1			3	2			5	6
	6	8		1	5			

Question 059

		4						
7					4			
9	3	1			2		8	
				2	7		4	
					9		6	2
		9		5				
							7	
			9			6		
4								8

Question 060

	8							
	6	7			9			3
			2	5	8			
			9					6
9				7				
6				8				4
			6		5			
	4							
	1					5		2

Question 061

2	5	6						
9	7				8			5
	8						7	
	2							9
								7
7			8			1		
	4				5			
	6					7		
				7				8

Question 062

			3			4		
		2						
3						1		
8			6	9			4	
				7				2
2		7	4				6	1
5		6				9		
					6			
							3	

Question 063

		8						
6	1			9				3
			4				6	9
	3							6
4					9		8	
					6			
					5			
		5	9	3				
			6	7				

Question 064

9		3						
	8			5				
						5	8	
8			2		4	3	5	1
	4					8	7	
						4		
		9			3		4	
		8						
	2							

Question 065

				9				2
				3		9		
2	3	9				7		5
1								
				5	1	2		
4		2					5	
5				1		6		
								3

Question 066

		2		7				
7	5		3					
		9	6		5			
							2	
					3			
	9	7				4		
2	7							
8						2	3	
	4					7	8	5

Question 067

	4							8
		5				6		
			1	6				
		7	4	3	8			
4	9						7	3
				9				
		8					4	6
	5							
			9					7

Question 068

		4	8					
	3	9			7			
				4			7	8
						2		
		2	3					
4	7				2			
1			2					
3						7		5
				5				

고급

Question 069

2	8						9	
5				2		8		7
	1	7			5	2		
		4					2	
			6					
			9					
9	4			5			6	
3								

Question 070

7	1		5					
	6					2		
	5			2		9	6	
4								2
	2	6		7	4			
	7		4		5		2	
		1					9	

Question 071

	1		6		2			
								3
					7			2
			3					
3		8					9	
	6		2		8			
1				8	4			6
					9	7		
7		6		2				

Question 072

8							7	1
		4				5	6	
			3			1		
				1	5	8		
	3							
2	8	9			7			5
		7				6		2

Question 073

		9					6	
								8
								9
1	6							
	9							
	2			7	3			6
3			9		6	7		1
6					1		3	5

Question 074

		1	4				7	8
		7		1			4	
		4						
8								
1			7	3	2			
				8				
			3		4		2	
			2		7	1		
2							6	

Question 075

9	2							8
			9		2	3		
				3				
	3		5					
	1				9	4	8	
8	9	7					2	
	7		1					
								4
	4							

Question 076

		2						
5	8			1		3		
						6		5
	3	6			5			
		5				4	3	1
	5							
	2		5					
		1	4		8		6	3

Question **077**

6	3							9
	5		2					
			6				8	1
			9				5	
5						8	6	
	4		8	7	5	1		3
								2
				3	8			

Question **078**

				9				8
		6					1	
		5	1	7			9	
	1		7					
				6	5		4	1
		4			1		3	6
			2	8		1		

Question 079

	5	3			9	6		
						2	9	
1	2							
						8	4	
							7	2
							5	
				4		9		3
	6				3			4
	9					5		1

Question 080

			5					
6			2	3	1			
		1						
	3		8	6	5	1	4	
				4			8	
4				1				
							7	6
	1					8	5	4

Question 081

						5		2
3		1	5				4	
			4					
			1	5		4	9	6
			9				8	
	6						1	
5								
	1							
				9	8		5	

Question 082

		7						
	9		2		3			6
4		6			5	1		
	4	9				5	1	
							4	
	6							9
				4	7			
	7					8		
	5							

Question 083

	8						1	
	4			1	9			
					3			
9	3	8	5	4		7	2	
				7				
1	7	5						
			4					
4		6						2
	5							

Question 084

					7		3	
					6	7		
				3		9		
	5				9			
	9		7					
4					1	5		3
	3			7		6		
	7			5		4		1

Question 085

6			2					
		1			8	9		
		8	6	5				
				8				
		7						
		4			3		5	
		2			4	8		
		5	1		6	7		

Question 086

				4	9			
				2				8
						6		
	4		2			1		9
		6		9				
		5		1	2			
8		7		3		2	6	
							4	

Question 087

							8	
	2						5	
7			8	4		1		
2			5					4
						8	9	
9		7						5
3				2				
1								
	7	8			1			

Question 088

				9				
			8	1			5	4
			7		5			
3						9	4	
				2				
		8						
			2					3
	7	3		8				
	4				9		6	

Question 089

		8			2			
				4		2		3
			5		7		9	
				7				
6					5			8
		1						
		6				1	8	
8	3					6	4	9
	1							

Question 090

								3
		5	9			8	7	
6				3				
			2					
			5	8				
5			3	1		6		
8				2				
4	6							9
	5		4					1

Question 091

				3				8
			7			4		
6					8			
	5	4		7			8	
8						9		
	6	1						
			8	2				
	2					8		
			4		7	6	5	

Question 092

5	3		7	4				
				3			6	1
								3
	7				9			
					4		9	
							8	
	8			2				
								8
7				1	8	6		

고급

Question 093

4	3	7			6			
		1					6	
				8		3		7
7			3					5
3	5					4		
							7	
						1		9
				5	1			

Question 094

2				6	3		1	5
			9			6		7
					2			4
		5						
		8			5			
			2	3	1			
							7	
			8		6			
				4				

Question 095

9			3					
			8					1
	8							
			4			1		
2								
4			6	8		5		
5					9		1	
			5				6	
	1	9			6			5

Question 096

							9	
	3				1	8		
	5					4		6
							2	4
6			7					
8						1		
	1	8			9			
	6			7	5			
	7				3			

Question **097**

	2	8				9	3	
					3		5	
			9				6	
				9				
	7			4		5		
	4	2			5			
				8				
9	6	7						1
		5					7	

Question **098**

4			5				3	8
	3							
8							6	
		7		2		8		
1	9	4				6	5	
3					5			
5				3				7
9		3						

Question 099

7	9						5	
2			9	7	4		6	
	4	3						
		7	4					
						2		5
6							4	7
				4		7		
3							9	
				5				

Question 100

3	9				7		8	
						3	7	4
					8			
		9			4			
		3	8		9		6	
		1				8		
9	7				3			8

Question 101

				6				
				9	3		6	
		5		8				
4	9			1	2		3	
							2	8
					5	4	1	
			4		6			
7				5			9	
	5							

Question 102

		6		9			4	
						7	1	5
7								
			1				9	
1	7		4		9			8
		9	7			4		
				8				
	4					3		6

고급

Question 103

6	8			3				
4		3				2		
								6
2						7		1
		1		7	6			
	4	5				6		
9		8						
1						3		

Question 104

2		7						
		4						
	6	3	1		2		4	
		6						
				1		8		3
		8						5
		2					9	
			4		3	7		
			2		7			

Question **105**

7		3						
6		5		2	7	8		3
		1					5	
9	3							
								2
				1				
	6							
1	8	2					9	5
				6	2			

Question **106**

8								
			9	1		3		
		1						
	8			4	1			
1			5			9		8
		6		8		4		
							9	2
							5	
4		8			2			7

Question 107

8	9	3						
		2			3			1
7				9				
			3					
9								
3					5			
4		9				8	1	
2	1	8			7			5

Question 108

	1	5			4			
					7	5		
			8			1	2	
			4					6
		4					8	
1						4		2
			5			2		
				4	9			
						8	1	9

Question **109**

								7
9								
						3		
	8	4	3		5		9	
		1			9			4
			4	6	1			
			6				2	
6					7			
			9	5				

Question **110**

				9				
		4		3			9	
	8	9			4	6		2
	2	3			5			
1								8
		1	9				8	
9	7		5					

Question 111

			5	2				
			1	9			6	
2							5	1
8			9		7	6		
								8
	9							7
7								
		4					1	6
9				4	2			

Question 112

3				4	9			
								3
8					6			
					7			6
6		3				4		
	2	5					9	
	9							
		8						9
		7		8	4			5

고급

Question **113**

			2					
		7			3			4
	8				6	3	9	2
	9	6			5			3
		8					5	
				8		4		
					9		4	
		4	3			2		

Question **114**

							7	
5								
1			5		7		6	
			8	4	1		2	6
	6	2						
		6	4					7
							4	
7			2				8	

Question 115

	3						5	
				5	3			7
9	5							
				1	7			2
			2		8			
5					9			8
7		3						
		6	5	3		9		1

Question 116

		1						
					9		3	1
				4			6	
	5	2						4
4		7	3		2			9
						6		
	8			3	7			
	4		6					7

Question 117

9		4		3			1	5
2	8							3
	3				1	8	6	
						5		
8	5			6				
	2	5	8					
6		8			3			

Question 118

			7					
	1	6				4		
					3	8		
			3				8	
	5		1	8	6			
					9			5
						3		8
			8			5		
6	8		9	5				

Question 119

		8					2	9
	6							1
		2		3	9			
5				9				
					8		9	
2								8
		5						
4		9						7
6			9			5		

Question 120

8			3					
		2	8				9	
					6	1		8
	4		9		8			
	5	8	4	6		7		
					9			
3					7			
5						9		

Question 121

		5			3			
						5		
					4			5
	5	4				9	8	
		6				4		
1						2	5	
5			9	2	8			6
			5		1	8		

Question 122

					7			
		9		6	2		1	
							2	
2	4	7		5			6	
				7				
				3				
	8							
6				8	3		9	1
9								

Question 123

		4	5				6	
					8			5
		8			3	4		
5						8		
9					7			2
	6					1		7
4		7	2					6
				7				4

Question 124

			6				3	
				1				
		3	5					8
1	3					4	5	
5								
2			3				7	
7				8		3		
8								
3				7				9

Question **125**

				8		7		5
					5			
								1
			4		6			3
8								
1	6		8				5	7
	3	7			8			6
		1		5			8	
	8							

Question **126**

				8	5		1	7
								3
	3	2	5		6			
	7				8	4	2	
	8			4				
	6	4		2	3			
						1		
						8		

Question 127

		5			2		4	
		9				5	3	
		4						
			4				7	2
		2					8	
3			7					
	1	3			8			4
				9	3		5	

Question 128

				8				
8	4				2			
		2			3		8	
	7							
			1				7	
	3			7			9	
			2				3	9
9			3			8	1	5

Question 129

	7		8					
	1		4			8		
			6					
9	5				4	6		8
	3							
				1	7		5	2
6			2					
1								
	9	5	1					

Question 130

2							5	
6				5		4	8	
	9		6				7	
					6			
7						5		
				1		8	6	7
				6				
								4
		9			2			

Question 131

		6						
		3		6			7	
2								6
	5				3			
		8					6	
3	6			8		9		
					6			
		1		5				9
			9			7		

Question 132

			6	4	9	3		
9								4
		4	5		3			
		3	9	6				
			1				3	8
	7					6		
					6		4	
				9				
	2							

Question 133

	7							
6		5				2		7
	3		6		7		5	8
			9	8				
7		1		3				
			5	7				
		6						
5				6	9			
					5			

Question 134

	3			4	6			
8		5		1				
1		9	8		2			6
			7				2	
5								
	7				9		8	
9								
				3				
					4			

Question 135

5			6	3	8			
				5				
			7			4		
3			1				7	
							5	3
	4		3		6			
					5	3		8
	3		8			5		

Question 136

						3		5
9				7	3		6	8
			1					7
	7							
			3					
		3	5		7			
	2			3				4
			7					
			2		1			

Question 137

8				5		3		
1			9					
7	2					1		
		1					6	
		8	1				4	3
3		6	8	1	2			7
								4
							3	

Question 138

						6		3
		9		3				8
2							7	
			4			5		
					8			
	7	2					8	
			8		4		2	
				7			5	
	2		5		6	4		

Question 139

6				3				
1				9				5
9						3		1
		5			1			
			5					7
	3		4		2			
		9			4			
				2	7			3
					3	9		

Question 140

								3
		1	6			9	2	4
			3		2	5		
	2	5						
8								
				8	7	6		
	4			3				
	3			5				
			7	2				6

고급

Question **141**

9		2	1			6	5	3
					6	1		
	3			5				
	5	1						
					2			
6						4		
8			9				2	
2		5						
3				2				

Question **142**

	2	8		5		6		
9						2		
	3		8				5	4
	4							
					7			
8						7		1
3						5	1	
				7				3
5								2

Question **143**

				1				
6	5					1	9	
7	3		4			8		
3		7	5		1			
							5	1
	1	6						
1	7							
						7		2

Question **144**

1	4			7			8	
3		7						
9								
		4			9			
								4
						7		
			2		6			
8				3	1			
2			4	5	8	6	9	

Question **145**

			9				2	
	8		5					3
					4			9
							7	
	6			8		5		
								6
					5			7
5		1					3	
		4	3	9			1	

Question **146**

							1	5
7	4			8			9	
							8	
		7	9			2	5	
								1
		4	7					8
1				7	6			
		5	3	9			2	

Question **147**

					4			
8	5				2			4
				8		6		5
	6						4	1
		5		7	8			
								9
						7		
6	8			2				
5						2		

고급

Question **148**

		3	9				2	
		9			8			
		4						6
			8		9		1	5
7			2		1		4	9
			4					
						4		
3		2						

Question 149

					1			
			9					
			7		8			
3							4	5
	4							6
				4			8	
6			1					
			6	9		8		
	2	7				6		1

Question 150

1				8		3		4
	4	7	5					1
			2			6		
					6			
							1	
3				7	4			
		8					3	
				2		1		9

고급

Question **151**

	8							7
	3		8	9				4
				7			8	
		9					2	
		5						
		6	3		9	2		
4								5
5		8	7				3	

Question **152**

			6				8	
			9					
7				1		9		
						7		
								3
3			8		9		6	2
	4			7				
			4				7	
2	7		1		3			

Question **153**

4				6				
				8				
3							2	8
	3	1				9		6
		7			4			
9	8				3	5	7	2
8								
1								

Question **154**

8							1	
1				5				
9	2							
			2			4		
4	3		7					
6		1						2
				2				
	5			1			2	
		8						6

Question 155

		8				2		7
					6			
					1	3		4
						9		
	6					4		
			2		8	6	5	
9	2							6
					5	7		
					2			

Question 156

		6			1			
3	1	4		9				7
1					9	7		8
	5							
8			1					
			8			6		
9						8		
6	2					3	1	

ANSWER

Answer **001**

8	9	3	1	5	6	7	4	2
5	7	4	8	9	2	1	6	3
2	1	6	4	7	3	8	5	9
9	5	8	6	4	1	3	2	7
7	3	1	5	2	8	4	9	6
4	6	2	9	3	7	5	8	1
3	4	7	2	8	9	6	1	5
6	2	5	3	1	4	9	7	8
1	8	9	7	6	5	2	3	4

Answer **002**

8	7	9	4	6	5	3	2	1
2	5	6	3	1	8	7	9	4
4	3	1	2	9	7	5	8	6
3	6	8	7	4	1	9	5	2
5	1	2	9	3	6	4	7	8
9	4	7	5	8	2	6	1	3
1	2	3	6	5	9	8	4	7
6	8	5	1	7	4	2	3	9
7	9	4	8	2	3	1	6	5

Answer **003**

2	4	7	5	6	8	9	3	1
3	9	8	2	1	4	5	7	6
6	1	5	9	3	7	8	4	2
4	6	2	1	7	5	3	8	9
1	7	9	8	4	3	6	2	5
8	5	3	6	2	9	7	1	4
7	3	6	4	9	1	2	5	8
5	2	1	7	8	6	4	9	3
9	8	4	3	5	2	1	6	7

Answer **004**

1	7	2	3	6	4	5	9	8
8	9	3	7	5	1	6	4	2
6	4	5	9	8	2	1	3	7
9	2	8	5	3	7	4	6	1
4	5	6	1	9	8	7	2	3
7	3	1	4	2	6	9	8	5
2	6	7	8	1	9	3	5	4
3	1	9	2	4	5	8	7	6
5	8	4	6	7	3	2	1	9

Answer **005**

6	4	3	7	1	5	8	2	9
8	7	5	4	2	9	6	3	1
9	2	1	3	8	6	5	7	4
3	9	6	8	7	1	4	5	2
1	5	4	2	6	3	7	9	8
7	8	2	5	9	4	1	6	3
4	6	7	9	3	8	2	1	5
2	3	8	1	5	7	9	4	6
5	1	9	6	4	2	3	8	7

Answer **006**

3	4	2	7	6	1	8	9	5
6	9	7	8	4	5	3	2	1
8	5	1	2	9	3	6	4	7
9	6	4	1	5	2	7	8	3
1	3	8	9	7	6	2	5	4
7	2	5	4	3	8	1	6	9
5	1	3	6	8	9	4	7	2
2	7	6	5	1	4	9	3	8
4	8	9	3	2	7	5	1	6

Answer 007

2	4	1	3	6	8	7	5	9
9	7	3	1	4	5	2	6	8
5	8	6	9	2	7	3	4	1
4	3	5	2	8	9	6	1	7
6	1	9	4	7	3	8	2	5
8	2	7	6	5	1	9	3	4
3	5	2	8	9	4	1	7	6
7	6	8	5	1	2	4	9	3
1	9	4	7	3	6	5	8	2

Answer 008

6	3	5	8	2	4	1	9	7
2	8	7	1	6	9	4	3	5
9	4	1	5	3	7	6	2	8
5	9	2	3	1	6	8	7	4
1	6	3	4	7	8	9	5	2
4	7	8	2	9	5	3	1	6
8	1	4	9	5	2	7	6	3
3	5	6	7	4	1	2	8	9
7	2	9	6	8	3	5	4	1

Answer 009

8	6	2	5	9	1	4	3	7
5	4	1	8	7	3	9	2	6
3	7	9	4	2	6	5	1	8
7	9	5	2	8	4	3	6	1
6	3	8	9	1	5	7	4	2
1	2	4	3	6	7	8	9	5
4	1	3	7	5	2	6	8	9
9	5	6	1	4	8	2	7	3
2	8	7	6	3	9	1	5	4

Answer 010

5	3	1	8	6	7	4	9	2
6	4	7	9	2	5	3	1	8
8	9	2	4	1	3	7	6	5
2	5	6	3	4	8	1	7	9
3	1	8	2	7	9	5	4	6
9	7	4	1	5	6	2	8	3
4	6	3	5	8	1	9	2	7
1	8	5	7	9	2	6	3	4
7	2	9	6	3	4	8	5	1

Answer 011

3	4	6	7	9	1	8	2	5
9	2	8	6	3	5	7	1	4
7	5	1	2	8	4	3	6	9
6	9	5	3	2	7	1	4	8
1	7	3	9	4	8	2	5	6
2	8	4	1	5	6	9	3	7
4	1	2	5	7	9	6	8	3
5	6	9	8	1	3	4	7	2
8	3	7	4	6	2	5	9	1

Answer 012

6	4	7	5	3	1	9	2	8
9	5	8	7	2	6	4	3	1
3	1	2	4	9	8	5	6	7
2	7	6	9	5	4	1	8	3
1	9	4	6	8	3	2	7	5
5	8	3	1	7	2	6	4	9
8	3	9	2	6	5	7	1	4
4	2	5	8	1	7	3	9	6
7	6	1	3	4	9	8	5	2

Answer **013**

6	1	9	2	8	3	7	4	5
5	7	2	1	4	6	9	3	8
8	3	4	7	9	5	6	2	1
3	6	5	9	1	8	2	7	4
2	8	7	3	6	4	5	1	9
9	4	1	5	7	2	8	6	3
4	9	6	8	3	7	1	5	2
7	2	8	4	5	1	3	9	6
1	5	3	6	2	9	4	8	7

Answer **014**

1	7	5	4	2	6	3	9	8
8	2	4	3	9	7	6	5	1
3	6	9	1	5	8	7	4	2
6	4	1	5	7	3	2	8	9
2	8	3	9	6	4	5	1	7
5	9	7	2	8	1	4	3	6
7	3	6	8	1	5	9	2	4
9	5	8	6	4	2	1	7	3
4	1	2	7	3	9	8	6	5

Answer **015**

6	7	1	3	9	5	8	2	4
9	4	8	7	6	2	1	3	5
2	5	3	8	1	4	9	6	7
3	9	6	4	2	8	5	7	1
4	8	5	1	7	6	3	9	2
7	1	2	9	5	3	6	4	8
8	6	4	5	3	7	2	1	9
1	3	7	2	8	9	4	5	6
5	2	9	6	4	1	7	8	3

Answer **016**

4	3	8	9	5	7	2	1	6
7	2	1	6	8	4	5	9	3
5	9	6	1	2	3	4	8	7
2	5	3	7	1	8	9	6	4
6	1	4	3	9	5	7	2	8
9	8	7	4	6	2	1	3	5
1	7	2	5	3	6	8	4	9
3	4	9	8	7	1	6	5	2
8	6	5	2	4	9	3	7	1

Answer **017**

7	1	8	4	6	3	9	5	2
3	4	6	2	5	9	7	1	8
9	2	5	8	1	7	6	3	4
6	7	9	1	2	5	4	8	3
5	3	4	9	8	6	2	7	1
1	8	2	7	3	4	5	6	9
2	5	1	6	4	8	3	9	7
8	6	7	3	9	2	1	4	5
4	9	3	5	7	1	8	2	6

Answer **018**

7	2	9	8	4	5	6	3	1
1	3	4	2	6	9	7	5	8
6	5	8	7	1	3	9	2	4
3	1	2	9	7	8	4	6	5
4	7	5	1	3	6	8	9	2
9	8	6	4	5	2	1	7	3
8	9	7	5	2	1	3	4	6
2	6	1	3	9	4	5	8	7
5	4	3	6	8	7	2	1	9

Answer 019

3	8	7	4	1	6	5	2	9
4	5	2	3	8	9	7	1	6
9	6	1	7	5	2	4	3	8
7	1	6	8	3	4	9	5	2
8	9	5	6	2	7	3	4	1
2	3	4	5	9	1	8	6	7
5	2	3	9	6	8	1	7	4
6	4	9	1	7	3	2	8	5
1	7	8	2	4	5	6	9	3

Answer 020

4	7	2	5	1	6	3	9	8
5	6	8	9	3	2	4	7	1
3	9	1	8	4	7	5	6	2
7	5	3	1	2	8	9	4	6
2	8	4	3	6	9	1	5	7
9	1	6	4	7	5	2	8	3
6	2	9	7	5	1	8	3	4
1	4	5	6	8	3	7	2	9
8	3	7	2	9	4	6	1	5

Answer 021

1	4	6	7	5	3	2	9	8
2	9	7	4	6	8	5	3	1
8	3	5	1	9	2	7	6	4
3	5	8	2	7	6	4	1	9
9	1	2	3	4	5	8	7	6
6	7	4	9	8	1	3	5	2
4	8	3	5	1	9	6	2	7
7	2	1	6	3	4	9	8	5
5	6	9	8	2	7	1	4	3

Answer 022

9	5	2	1	6	4	7	8	3
8	4	7	3	5	9	6	2	1
3	6	1	7	2	8	9	5	4
5	9	3	4	8	1	2	7	6
4	2	6	9	7	5	1	3	8
7	1	8	6	3	2	4	9	5
1	7	4	8	9	3	5	6	2
6	8	5	2	1	7	3	4	9
2	3	9	5	4	6	8	1	7

Answer 023

5	7	1	9	8	4	3	2	6
6	8	4	3	7	2	5	1	9
9	3	2	1	6	5	4	8	7
1	6	9	7	4	8	2	5	3
8	2	3	5	1	9	6	7	4
7	4	5	6	2	3	8	9	1
3	5	7	8	9	6	1	4	2
2	9	6	4	5	1	7	3	8
4	1	8	2	3	7	9	6	5

Answer 024

3	1	5	4	9	7	2	6	8
2	6	9	5	3	8	7	4	1
8	7	4	2	6	1	3	9	5
7	3	2	9	4	5	8	1	6
9	4	8	3	1	6	5	7	2
6	5	1	8	7	2	4	3	9
1	8	6	7	5	3	9	2	4
4	2	7	6	8	9	1	5	3
5	9	3	1	2	4	6	8	7

Answer **025**

2	8	7	1	3	9	5	4	6
1	5	6	8	7	4	9	3	2
9	4	3	2	5	6	8	7	1
3	1	5	6	2	8	7	9	4
8	6	4	9	1	7	3	2	5
7	9	2	5	4	3	1	6	8
5	7	8	3	6	2	4	1	9
6	3	9	4	8	1	2	5	7
4	2	1	7	9	5	6	8	3

Answer **026**

5	7	2	8	3	4	9	1	6
1	8	3	9	6	2	4	5	7
9	4	6	7	5	1	8	3	2
7	2	4	6	8	5	3	9	1
3	5	1	4	7	9	6	2	8
8	6	9	1	2	3	5	7	4
2	3	7	5	4	6	1	8	9
6	9	5	2	1	8	7	4	3
4	1	8	3	9	7	2	6	5

Answer **027**

1	4	9	6	7	5	2	3	8
6	8	2	3	4	1	5	9	7
5	3	7	8	9	2	1	4	6
7	6	1	5	3	4	8	2	9
9	2	4	1	6	8	7	5	3
8	5	3	7	2	9	4	6	1
4	7	6	2	8	3	9	1	5
2	1	8	9	5	6	3	7	4
3	9	5	4	1	7	6	8	2

Answer **028**

8	5	2	9	3	4	6	1	7
6	9	1	5	2	7	8	3	4
7	3	4	6	1	8	9	2	5
9	7	5	8	4	2	1	6	3
1	2	3	7	9	6	4	5	8
4	8	6	1	5	3	7	9	2
5	4	9	3	8	1	2	7	6
3	6	8	2	7	9	5	4	1
2	1	7	4	6	5	3	8	9

Answer **029**

7	3	4	6	2	9	5	1	8
2	9	1	4	5	8	6	3	7
8	5	6	1	3	7	2	9	4
4	1	7	8	9	5	3	2	6
3	2	8	7	6	1	4	5	9
5	6	9	2	4	3	8	7	1
1	8	2	3	7	4	9	6	5
9	4	3	5	1	6	7	8	2
6	7	5	9	8	2	1	4	3

Answer **030**

7	6	8	5	1	3	2	9	4
4	2	9	8	6	7	1	5	3
3	5	1	2	9	4	6	8	7
9	7	2	6	5	8	3	4	1
6	8	4	7	3	1	5	2	9
5	1	3	9	4	2	7	6	8
2	4	7	3	8	6	9	1	5
1	9	6	4	7	5	8	3	2
8	3	5	1	2	9	4	7	6

Answer 031

7	4	8	5	6	2	3	1	9
3	2	1	8	9	7	5	4	6
9	6	5	3	1	4	2	7	8
6	9	4	1	5	3	7	8	2
5	8	7	9	2	6	4	3	1
2	1	3	4	7	8	6	9	5
4	5	2	7	8	9	1	6	3
8	7	6	2	3	1	9	5	4
1	3	9	6	4	5	8	2	7

Answer 032

3	5	1	8	7	4	2	9	6
9	4	7	3	6	2	5	1	8
2	8	6	1	9	5	4	7	3
4	6	8	9	1	3	7	5	2
5	9	2	7	4	6	8	3	1
1	7	3	2	5	8	9	6	4
6	3	4	5	2	7	1	8	9
7	2	9	6	8	1	3	4	5
8	1	5	4	3	9	6	2	7

Answer 033

9	6	2	5	1	3	7	4	8
7	3	1	2	4	8	9	6	5
5	8	4	7	6	9	3	2	1
4	9	7	1	2	5	8	3	6
8	2	6	9	3	7	5	1	4
3	1	5	6	8	4	2	9	7
2	7	9	4	5	1	6	8	3
6	4	3	8	7	2	1	5	9
1	5	8	3	9	6	4	7	2

Answer 034

2	1	3	7	9	6	4	8	5
7	5	8	1	4	2	9	6	3
4	6	9	3	8	5	2	1	7
1	9	2	5	7	3	6	4	8
6	3	7	8	2	4	1	5	9
5	8	4	9	6	1	7	3	2
9	2	5	4	1	8	3	7	6
3	7	1	6	5	9	8	2	4
8	4	6	2	3	7	5	9	1

Answer 035

3	6	5	4	1	2	7	9	8
2	4	1	8	9	7	3	5	6
7	8	9	6	5	3	2	1	4
9	7	8	5	3	4	6	2	1
1	3	6	9	2	8	5	4	7
5	2	4	1	7	6	9	8	3
4	9	7	2	6	1	8	3	5
6	1	2	3	8	5	4	7	9
8	5	3	7	4	9	1	6	2

Answer 036

8	2	7	1	4	3	9	5	6
4	9	1	6	5	8	2	7	3
3	6	5	2	9	7	4	8	1
9	1	3	5	7	4	6	2	8
2	5	8	9	6	1	3	4	7
7	4	6	8	3	2	5	1	9
6	3	4	7	8	5	1	9	2
1	8	9	4	2	6	7	3	5
5	7	2	3	1	9	8	6	4

Answer **037**

7	3	6	1	9	5	4	2	8
9	8	2	4	3	6	5	1	7
1	5	4	8	2	7	3	6	9
3	9	5	6	7	4	1	8	2
6	1	8	2	5	9	7	3	4
2	4	7	3	1	8	6	9	5
8	7	3	5	6	2	9	4	1
5	2	1	9	4	3	8	7	6
4	6	9	7	8	1	2	5	3

Answer **038**

7	8	5	6	4	3	9	1	2
2	6	9	5	7	1	8	4	3
4	3	1	9	2	8	6	5	7
5	7	8	1	6	2	4	3	9
1	9	4	7	3	5	2	6	8
6	2	3	8	9	4	5	7	1
8	1	7	4	5	9	3	2	6
9	5	2	3	1	6	7	8	4
3	4	6	2	8	7	1	9	5

Answer **039**

8	1	9	7	5	3	2	6	4
4	2	7	9	6	8	1	3	5
3	6	5	2	4	1	9	8	7
6	8	1	3	9	5	7	4	2
7	4	2	8	1	6	3	5	9
9	5	3	4	7	2	6	1	8
1	9	4	6	8	7	5	2	3
5	3	8	1	2	9	4	7	6
2	7	6	5	3	4	8	9	1

Answer **040**

4	5	6	1	8	7	9	3	2
9	1	3	5	2	4	7	6	8
2	8	7	6	9	3	4	1	5
7	6	4	9	3	5	8	2	1
5	2	1	8	7	6	3	4	9
8	3	9	2	4	1	6	5	7
6	7	8	3	5	2	1	9	4
3	4	2	7	1	9	5	8	6
1	9	5	4	6	8	2	7	3

Answer **041**

8	5	4	9	2	7	6	3	1
9	3	6	5	8	1	4	2	7
1	7	2	3	4	6	5	9	8
3	4	8	7	9	2	1	5	6
5	2	1	6	3	4	7	8	9
7	6	9	8	1	5	2	4	3
6	1	3	2	5	9	8	7	4
2	9	7	4	6	8	3	1	5
4	8	5	1	7	3	9	6	2

Answer **042**

7	6	8	5	3	9	2	4	1
4	3	5	1	2	7	9	8	6
9	1	2	8	4	6	7	3	5
8	7	1	9	6	2	3	5	4
5	9	6	4	8	3	1	7	2
2	4	3	7	1	5	6	9	8
1	5	7	6	9	4	8	2	3
3	8	9	2	5	1	4	6	7
6	2	4	3	7	8	5	1	9

Answer **043**

4	9	3	8	2	1	6	7	5
2	7	6	9	5	4	3	8	1
5	1	8	6	3	7	4	9	2
6	5	9	7	8	2	1	4	3
8	4	1	3	6	5	9	2	7
3	2	7	4	1	9	8	5	6
9	3	4	5	7	6	2	1	8
1	6	5	2	9	8	7	3	4
7	8	2	1	4	3	5	6	9

Answer **044**

2	1	3	7	8	4	9	6	5
8	5	9	3	6	1	7	2	4
7	6	4	5	2	9	8	3	1
9	3	2	4	1	7	6	5	8
6	4	5	2	3	8	1	7	9
1	7	8	9	5	6	2	4	3
4	2	7	1	9	5	3	8	6
3	8	1	6	4	2	5	9	7
5	9	6	8	7	3	4	1	2

Answer **045**

6	2	4	5	9	3	1	7	8
5	3	8	6	7	1	2	4	9
7	1	9	2	4	8	6	5	3
2	6	3	1	5	7	9	8	4
8	4	7	3	6	9	5	2	1
9	5	1	8	2	4	3	6	7
4	8	2	9	3	5	7	1	6
3	7	6	4	1	2	8	9	5
1	9	5	7	8	6	4	3	2

Answer **046**

7	8	1	2	4	5	9	6	3
5	3	9	6	8	7	1	4	2
4	6	2	3	9	1	8	7	5
1	4	8	7	2	6	5	3	9
9	2	3	4	5	8	7	1	6
6	5	7	1	3	9	2	8	4
3	1	5	8	6	2	4	9	7
2	7	4	9	1	3	6	5	8
8	9	6	5	7	4	3	2	1

Answer **047**

6	4	3	7	5	2	9	8	1
1	8	9	6	3	4	5	7	2
2	5	7	9	8	1	4	6	3
8	2	6	1	4	7	3	9	5
7	9	4	5	6	3	2	1	8
5	3	1	8	2	9	6	4	7
3	1	5	4	9	8	7	2	6
4	6	8	2	7	5	1	3	9
9	7	2	3	1	6	8	5	4

Answer **048**

8	2	6	3	9	1	5	4	7
7	9	5	2	6	4	1	8	3
1	3	4	5	8	7	9	6	2
5	4	2	9	1	6	3	7	8
3	7	8	4	2	5	6	1	9
6	1	9	8	7	3	4	2	5
4	5	7	1	3	8	2	9	6
2	6	3	7	4	9	8	5	1
9	8	1	6	5	2	7	3	4

Answer **049**

9	5	1	7	8	4	2	6	3
8	4	6	3	2	9	5	7	1
2	7	3	6	1	5	9	4	8
7	6	4	8	5	3	1	9	2
1	8	5	2	9	7	6	3	4
3	9	2	1	4	6	8	5	7
4	3	8	9	6	1	7	2	5
5	2	9	4	7	8	3	1	6
6	1	7	5	3	2	4	8	9

Answer **050**

3	6	4	9	1	8	5	7	2
1	9	5	2	6	7	8	3	4
7	2	8	4	3	5	9	1	6
2	7	1	5	9	6	4	8	3
4	8	9	1	2	3	7	6	5
5	3	6	7	8	4	1	2	9
6	5	3	8	7	9	2	4	1
9	1	7	3	4	2	6	5	8
8	4	2	6	5	1	3	9	7

Answer **051**

7	9	4	6	2	3	8	5	1
3	2	8	4	5	1	9	7	6
5	1	6	9	8	7	4	2	3
1	6	3	7	4	9	2	8	5
8	4	2	1	3	5	6	9	7
9	5	7	2	6	8	3	1	4
2	8	5	3	7	6	1	4	9
4	3	9	5	1	2	7	6	8
6	7	1	8	9	4	5	3	2

Answer **052**

3	2	5	9	6	4	7	8	1
4	7	8	5	3	1	2	6	9
1	6	9	8	7	2	5	3	4
8	4	1	3	2	6	9	5	7
5	3	2	7	8	9	1	4	6
6	9	7	1	4	5	3	2	8
9	1	6	2	5	8	4	7	3
2	8	3	4	9	7	6	1	5
7	5	4	6	1	3	8	9	2

Answer **053**

7	5	1	3	2	6	8	4	9
9	6	8	1	4	7	5	2	3
3	4	2	9	8	5	1	7	6
8	1	4	2	6	9	7	3	5
6	9	7	8	5	3	4	1	2
2	3	5	4	7	1	9	6	8
4	7	3	5	9	2	6	8	1
5	2	6	7	1	8	3	9	4
1	8	9	6	3	4	2	5	7

Answer **054**

6	7	8	4	5	2	1	9	3
2	1	3	9	8	7	4	5	6
4	5	9	1	6	3	7	2	8
7	6	1	8	2	5	3	4	9
3	2	4	7	1	9	8	6	5
9	8	5	6	3	4	2	7	1
8	3	7	2	9	6	5	1	4
5	4	6	3	7	1	9	8	2
1	9	2	5	4	8	6	3	7

Answer 055

8	7	1	6	4	5	2	3	9
3	2	4	9	1	7	8	6	5
9	6	5	2	8	3	1	4	7
5	3	7	1	9	4	6	8	2
4	8	2	5	3	6	7	9	1
1	9	6	7	2	8	4	5	3
6	1	3	8	7	9	5	2	4
2	4	8	3	5	1	9	7	6
7	5	9	4	6	2	3	1	8

Answer 056

1	4	9	2	3	6	8	5	7
5	8	3	4	1	7	2	6	9
6	7	2	8	5	9	1	4	3
4	9	7	6	2	3	5	1	8
8	6	5	7	9	1	3	2	4
3	2	1	5	8	4	9	7	6
7	3	8	1	4	2	6	9	5
2	5	4	9	6	8	7	3	1
9	1	6	3	7	5	4	8	2

Answer 057

1	7	2	8	9	4	6	5	3
5	6	4	2	7	3	8	1	9
9	3	8	5	6	1	7	2	4
4	8	7	1	2	9	3	6	5
2	5	9	3	8	6	4	7	1
3	1	6	7	4	5	2	9	8
7	9	1	4	3	2	5	8	6
6	2	3	9	5	8	1	4	7
8	4	5	6	1	7	9	3	2

Answer 058

2	8	5	1	6	7	3	4	9
4	9	6	3	5	2	1	8	7
3	1	7	8	9	4	5	2	6
6	3	9	4	7	1	2	5	8
7	4	2	6	8	5	9	1	3
1	5	8	9	2	3	6	7	4
5	6	3	7	1	8	4	9	2
9	7	1	2	4	6	8	3	5
8	2	4	5	3	9	7	6	1

Answer 059

7	2	8	1	6	3	9	5	4
5	3	4	9	2	8	6	1	7
1	6	9	5	7	4	8	3	2
3	1	2	7	9	5	4	8	6
4	7	6	3	8	1	5	2	9
8	9	5	2	4	6	3	7	1
6	8	3	4	1	2	7	9	5
9	5	1	6	3	7	2	4	8
2	4	7	8	5	9	1	6	3

Answer 060

6	3	5	1	2	8	9	4	7
2	1	7	4	3	9	6	8	5
8	9	4	5	6	7	3	1	2
1	5	8	3	9	2	4	7	6
7	2	9	6	4	1	5	3	8
3	4	6	7	8	5	2	9	1
9	7	1	2	5	4	8	6	3
5	8	3	9	1	6	7	2	4
4	6	2	8	7	3	1	5	9

Answer **061**

6	2	3	8	5	4	7	1	9
4	9	7	6	2	1	3	8	5
1	8	5	7	9	3	6	2	4
3	1	2	9	8	6	5	4	7
8	6	9	4	7	5	2	3	1
5	7	4	1	3	2	9	6	8
9	5	6	3	1	8	4	7	2
2	4	1	5	6	7	8	9	3
7	3	8	2	4	9	1	5	6

Answer **062**

4	2	6	1	8	5	9	3	7
9	5	3	2	7	6	1	8	4
8	1	7	4	9	3	6	2	5
7	9	1	5	4	8	3	6	2
5	3	4	6	2	9	7	1	8
2	6	8	3	1	7	5	4	9
6	4	2	9	5	1	8	7	3
3	8	9	7	6	4	2	5	1
1	7	5	8	3	2	4	9	6

Answer **063**

7	9	5	3	1	4	6	8	2
2	6	4	7	5	8	9	3	1
1	8	3	6	9	2	5	7	4
8	7	1	2	3	6	4	9	5
5	3	2	9	4	1	8	6	7
9	4	6	8	7	5	2	1	3
6	5	8	1	2	3	7	4	9
4	1	9	5	8	7	3	2	6
3	2	7	4	6	9	1	5	8

Answer **064**

5	2	8	7	9	6	1	4	3
7	3	6	1	8	4	5	9	2
4	9	1	5	3	2	6	8	7
2	5	7	9	1	8	3	6	4
1	6	3	2	4	7	8	5	9
8	4	9	3	6	5	2	7	1
3	8	4	6	2	9	7	1	5
6	7	2	4	5	1	9	3	8
9	1	5	8	7	3	4	2	6

Answer **065**

1	7	3	8	2	5	9	4	6
6	5	4	9	1	3	7	2	8
8	9	2	6	4	7	3	1	5
3	6	1	4	5	8	2	7	9
5	2	9	1	7	6	4	8	3
7	4	8	2	3	9	5	6	1
2	8	7	5	9	1	6	3	4
9	3	6	7	8	4	1	5	2
4	1	5	3	6	2	8	9	7

Answer **066**

7	9	8	2	1	6	5	4	3
6	3	4	9	5	8	1	7	2
2	5	1	7	3	4	6	9	8
4	8	6	3	2	9	7	5	1
3	1	7	6	8	5	4	2	9
9	2	5	4	7	1	3	8	6
1	6	9	8	4	7	2	3	5
8	4	2	5	6	3	9	1	7
5	7	3	1	9	2	8	6	4

Answer 067

1	3	2	4	7	8	5	9	6
6	4	5	1	2	9	7	3	8
9	8	7	6	5	3	2	1	4
2	6	4	3	8	7	1	5	9
5	9	3	2	1	6	4	8	7
7	1	8	9	4	5	6	2	3
8	7	6	5	9	2	3	4	1
4	5	9	7	3	1	8	6	2
3	2	1	8	6	4	9	7	5

Answer 068

3	6	4	5	7	1	8	9	2
8	9	7	2	6	3	4	1	5
5	1	2	9	8	4	7	6	3
2	4	9	8	5	6	1	3	7
6	5	3	1	2	7	9	8	4
7	8	1	4	3	9	2	5	6
9	2	5	6	4	8	3	7	1
4	3	8	7	1	5	6	2	9
1	7	6	3	9	2	5	4	8

Answer 069

4	6	3	2	7	5	9	1	8
1	5	9	3	6	8	2	7	4
2	7	8	4	9	1	3	6	5
9	4	6	8	3	2	7	5	1
3	1	7	9	5	6	8	4	2
8	2	5	7	1	4	6	9	3
7	3	2	1	4	9	5	8	6
6	9	4	5	8	3	1	2	7
5	8	1	6	2	7	4	3	9

Answer 070

9	7	1	3	8	4	2	5	6
2	3	5	6	1	9	8	7	4
6	4	8	5	7	2	3	9	1
4	2	7	8	9	5	6	1	3
3	1	9	7	2	6	5	4	8
8	5	6	1	4	3	7	2	9
1	8	3	9	5	7	4	6	2
7	9	2	4	6	8	1	3	5
5	6	4	2	3	1	9	8	7

Answer 071

6	1	4	8	5	2	7	3	9
9	8	7	3	6	1	5	2	4
2	3	5	9	4	7	8	1	6
1	6	2	7	8	4	3	9	5
7	5	3	1	2	9	6	4	8
8	4	9	6	3	5	1	7	2
3	7	6	2	9	8	4	5	1
4	2	8	5	1	3	9	6	7
5	9	1	4	7	6	2	8	3

Answer 072

5	7	3	4	1	2	9	8	6
2	4	6	8	9	5	1	7	3
8	1	9	6	7	3	4	5	2
4	5	8	1	2	6	3	9	7
1	6	7	9	3	8	5	2	4
3	9	2	5	4	7	6	1	8
9	3	5	7	8	4	2	6	1
7	2	1	3	6	9	8	4	5
6	8	4	2	5	1	7	3	9

Answer **073**

4	7	3	8	1	6	5	2	9
2	1	6	5	7	9	8	4	3
9	8	5	4	3	2	6	7	1
3	9	8	1	5	7	4	6	2
1	2	7	9	6	4	3	5	8
5	6	4	2	8	3	1	9	7
6	3	9	7	4	8	2	1	5
7	4	1	3	2	5	9	8	6
8	5	2	6	9	1	7	3	4

Answer **074**

1	4	9	6	8	2	7	5	3
7	8	2	5	3	1	9	6	4
3	5	6	9	4	7	1	2	8
2	1	4	8	6	3	5	9	7
6	7	5	2	9	4	8	3	1
9	3	8	7	1	5	6	4	2
5	6	7	4	2	8	3	1	9
8	2	3	1	5	9	4	7	6
4	9	1	3	7	6	2	8	5

Answer **075**

4	3	5	8	9	7	1	6	2
2	6	9	4	1	5	8	7	3
7	8	1	3	6	2	9	5	4
9	2	4	7	3	8	5	1	6
6	5	7	1	2	9	3	4	8
8	1	3	6	5	4	7	2	9
1	9	2	5	4	3	6	8	7
3	7	6	2	8	1	4	9	5
5	4	8	9	7	6	2	3	1

Answer **076**

1	5	7	6	9	8	3	2	4
6	8	2	7	3	4	5	9	1
4	3	9	1	5	2	7	6	8
9	7	5	2	4	6	1	8	3
2	1	3	5	8	9	6	4	7
8	6	4	3	1	7	2	5	9
3	9	1	8	2	5	4	7	6
7	2	8	4	6	3	9	1	5
5	4	6	9	7	1	8	3	2

Answer **077**

4	3	7	2	6	9	8	5	1
6	8	2	5	1	7	4	9	3
1	5	9	8	4	3	2	7	6
9	2	3	4	7	6	1	8	5
5	6	1	3	2	8	7	4	9
8	7	4	9	5	1	6	3	2
2	9	6	7	8	5	3	1	4
7	4	5	1	3	2	9	6	8
3	1	8	6	9	4	5	2	7

Answer **078**

7	2	9	3	8	4	6	1	5
1	4	5	7	2	6	9	3	8
6	8	3	5	1	9	4	2	7
2	9	8	4	3	1	5	7	6
3	5	7	6	9	8	1	4	2
4	1	6	2	7	5	8	9	3
9	7	1	8	5	3	2	6	4
5	3	4	1	6	2	7	8	9
8	6	2	9	4	7	3	5	1

Answer 079

3	6	2	1	4	5	9	7	8
4	9	8	7	3	6	5	1	2
5	1	7	8	9	2	3	4	6
6	4	1	9	2	8	7	5	3
7	8	3	5	6	1	2	9	4
9	2	5	3	7	4	6	8	1
2	7	6	4	8	9	1	3	5
1	3	4	6	5	7	8	2	9
8	5	9	2	1	3	4	6	7

Answer 080

8	3	5	1	7	6	2	9	4
4	6	7	9	2	3	8	1	5
1	2	9	4	8	5	6	7	3
3	4	2	8	5	1	9	6	7
5	1	8	7	6	9	3	4	2
7	9	6	2	3	4	1	5	8
6	8	3	5	9	7	4	2	1
2	7	1	6	4	8	5	3	9
9	5	4	3	1	2	7	8	6

Answer 081

3	9	4	5	6	8	7	1	2
8	1	6	2	3	7	9	5	4
7	2	5	1	9	4	6	8	3
1	6	9	4	2	5	8	3	7
5	8	7	6	1	3	4	2	9
2	4	3	7	8	9	5	6	1
4	5	8	3	7	1	2	9	6
9	3	2	8	4	6	1	7	5
6	7	1	9	5	2	3	4	8

Answer 082

2	9	8	6	4	3	7	1	5
7	3	5	1	9	8	6	2	4
1	6	4	7	5	2	9	8	3
6	7	3	8	2	4	5	9	1
9	8	1	3	6	5	4	7	2
4	5	2	9	7	1	3	6	8
3	2	6	4	8	9	1	5	7
5	1	9	2	3	7	8	4	6
8	4	7	5	1	6	2	3	9

Answer 083

6	2	1	4	3	9	7	8	5
9	4	8	7	5	2	6	1	3
3	5	7	8	6	1	9	4	2
7	6	2	5	8	3	1	9	4
4	1	5	9	7	6	2	3	8
8	3	9	2	1	4	5	6	7
5	9	3	1	4	7	8	2	6
1	7	4	6	2	8	3	5	9
2	8	6	3	9	5	4	7	1

Answer 084

3	4	9	6	7	1	5	2	8
2	7	5	4	3	8	9	1	6
8	6	1	2	9	5	7	4	3
5	2	7	8	6	4	1	3	9
4	9	8	7	1	3	6	5	2
6	1	3	9	5	2	4	8	7
1	5	6	3	8	9	2	7	4
7	3	2	1	4	6	8	9	5
9	8	4	5	2	7	3	6	1

Answer **085**

3	7	2	1	9	5	6	8	4
8	9	5	7	6	4	3	1	2
1	6	4	2	3	8	7	5	9
7	8	3	6	4	9	1	2	5
2	1	6	8	5	7	9	4	3
4	5	9	3	2	1	8	6	7
6	4	8	9	7	2	5	3	1
5	3	7	4	1	6	2	9	8
9	2	1	5	8	3	4	7	6

Answer **086**

5	2	7	1	3	9	6	8	4
3	1	8	6	4	2	9	5	7
9	4	6	5	7	8	1	2	3
4	3	5	7	9	6	8	1	2
1	6	2	8	5	3	4	7	9
8	7	9	2	1	4	5	3	6
6	5	4	3	2	1	7	9	8
2	8	1	9	6	7	3	4	5
7	9	3	4	8	5	2	6	1

Answer **087**

1	9	7	5	2	4	3	6	8
5	6	3	1	9	8	7	2	4
8	4	2	3	7	6	1	5	9
9	8	6	7	5	2	4	1	3
4	7	1	6	3	9	5	8	2
2	3	5	4	8	1	6	9	7
3	2	4	8	1	5	9	7	6
7	1	9	2	6	3	8	4	5
6	5	8	9	4	7	2	3	1

Answer **088**

8	7	4	1	3	6	2	9	5
3	5	9	4	2	8	1	6	7
1	2	6	5	9	7	4	8	3
2	8	3	6	1	9	7	5	4
4	9	1	8	7	5	3	2	6
5	6	7	3	4	2	8	1	9
9	3	2	7	6	1	5	4	8
6	4	5	2	8	3	9	7	1
7	1	8	9	5	4	6	3	2

Answer **089**

1	7	9	3	4	5	2	6	8
2	6	3	7	8	9	4	1	5
4	8	5	6	1	2	3	9	7
7	1	6	2	5	4	9	8	3
9	4	8	1	7	3	6	5	2
3	5	2	8	9	6	7	4	1
6	2	4	5	3	8	1	7	9
8	3	7	9	6	1	5	2	4
5	9	1	4	2	7	8	3	6

Answer **090**

7	4	8	3	5	1	9	6	2
6	9	5	8	7	2	4	1	3
1	3	2	4	6	9	8	5	7
4	8	7	6	9	3	1	2	5
3	2	6	5	1	8	7	4	9
9	5	1	2	4	7	6	3	8
5	6	3	9	8	4	2	7	1
8	7	4	1	2	5	3	9	6
2	1	9	7	3	6	5	8	4

Answer **091**

6	5	7	2	8	3	1	4	9
8	1	9	6	4	7	3	5	2
2	3	4	9	1	5	8	7	6
4	2	1	3	9	6	7	8	5
7	8	6	4	5	2	9	3	1
5	9	3	8	7	1	2	6	4
3	6	8	5	2	9	4	1	7
1	4	2	7	6	8	5	9	3
9	7	5	1	3	4	6	2	8

Answer **092**

5	1	9	7	8	4	6	2	3
7	4	3	6	2	9	5	1	8
2	6	8	5	3	1	7	4	9
4	5	2	8	6	7	9	3	1
9	3	7	2	1	5	4	8	6
1	8	6	9	4	3	2	5	7
8	9	5	1	7	2	3	6	4
6	7	4	3	5	8	1	9	2
3	2	1	4	9	6	8	7	5

Answer **093**

3	4	2	8	7	1	5	9	6
1	7	6	5	9	4	8	2	3
9	8	5	3	2	6	7	1	4
7	6	1	4	8	9	3	5	2
4	5	9	2	1	3	6	8	7
8	2	3	7	6	5	1	4	9
2	1	7	9	3	8	4	6	5
6	9	4	1	5	7	2	3	8
5	3	8	6	4	2	9	7	1

Answer **094**

5	7	2	4	8	3	6	9	1
8	3	6	1	7	9	4	2	5
1	4	9	5	6	2	8	7	3
2	9	4	8	5	7	1	3	6
6	5	1	2	3	4	9	8	7
7	8	3	6	9	1	2	5	4
3	2	7	9	1	6	5	4	8
4	1	8	3	2	5	7	6	9
9	6	5	7	4	8	3	1	2

Answer **095**

9	4	2	7	8	1	6	3	5
5	3	8	9	6	2	1	7	4
7	6	1	3	4	5	9	2	8
6	5	4	1	7	9	3	8	2
3	1	7	5	2	8	4	6	9
2	8	9	6	3	4	7	5	1
1	7	5	8	9	3	2	4	6
8	2	6	4	1	7	5	9	3
4	9	3	2	5	6	8	1	7

Answer **096**

3	9	7	8	5	4	2	1	6
6	4	8	2	7	1	5	9	3
2	5	1	9	3	6	7	8	4
4	3	9	7	2	5	1	6	8
8	7	5	1	6	3	9	4	2
1	2	6	4	9	8	3	5	7
9	8	2	5	4	7	6	3	1
5	6	4	3	1	2	8	7	9
7	1	3	6	8	9	4	2	5

Answer **097**

3	8	4	1	5	7	6	2	9
1	5	9	2	3	6	4	7	8
2	7	6	4	9	8	1	3	5
9	6	1	7	8	4	3	5	2
5	3	8	6	2	9	7	4	1
4	2	7	5	1	3	8	9	6
7	4	5	8	6	2	9	1	3
6	1	3	9	7	5	2	8	4
8	9	2	3	4	1	5	6	7

Answer **098**

8	5	3	4	6	1	7	2	9
4	7	2	9	8	3	6	1	5
9	6	1	5	7	2	4	8	3
5	4	9	7	3	8	2	6	1
7	1	6	2	9	4	3	5	8
3	2	8	6	1	5	9	4	7
2	3	4	1	5	9	8	7	6
6	8	5	3	2	7	1	9	4
1	9	7	8	4	6	5	3	2

Answer **099**

9	3	4	5	6	8	7	1	2
6	5	1	7	2	3	9	8	4
7	8	2	9	1	4	5	6	3
5	9	7	2	3	1	6	4	8
4	2	8	6	9	5	1	3	7
3	1	6	4	8	7	2	9	5
8	6	3	1	5	2	4	7	9
1	7	5	8	4	9	3	2	6
2	4	9	3	7	6	8	5	1

Answer **100**

6	5	4	3	1	7	8	9	2
7	2	9	8	4	5	1	3	6
3	8	1	2	9	6	5	4	7
1	3	8	4	2	9	7	6	5
5	4	6	7	8	1	3	2	9
2	9	7	5	6	3	4	8	1
4	1	5	9	3	2	6	7	8
8	6	2	1	7	4	9	5	3
9	7	3	6	5	8	2	1	4

Answer **101**

8	1	5	7	6	4	3	9	2
4	6	2	3	5	9	7	8	1
9	7	3	2	1	8	6	5	4
7	4	8	6	9	2	5	1	3
6	5	9	1	4	3	8	2	7
3	2	1	5	8	7	9	4	6
5	9	6	4	3	1	2	7	8
1	3	7	8	2	5	4	6	9
2	8	4	9	7	6	1	3	5

Answer **102**

9	6	1	3	7	5	8	2	4
7	8	2	4	6	1	9	5	3
3	4	5	2	9	8	7	1	6
2	5	3	6	4	7	1	8	9
8	7	9	5	1	3	4	6	2
4	1	6	8	2	9	5	3	7
5	9	4	1	3	6	2	7	8
6	2	8	7	5	4	3	9	1
1	3	7	9	8	2	6	4	5

Answer **103**

2	3	7	1	4	8	9	5	6
4	1	5	2	6	9	7	3	8
6	9	8	7	5	3	2	4	1
8	5	9	4	7	6	3	1	2
7	6	1	8	3	2	5	9	4
3	4	2	5	9	1	6	8	7
1	7	6	9	8	5	4	2	3
5	8	3	6	2	4	1	7	9
9	2	4	3	1	7	8	6	5

Answer **104**

9	8	5	6	1	4	7	2	3
7	1	4	2	5	3	9	8	6
6	2	3	9	8	7	1	4	5
5	3	2	4	6	1	8	9	7
8	9	6	7	2	5	3	1	4
4	7	1	3	9	8	5	6	2
1	5	7	8	4	2	6	3	9
2	6	8	5	3	9	4	7	1
3	4	9	1	7	6	2	5	8

Answer **105**

9	6	5	8	3	4	2	1	7
8	3	7	2	1	5	9	4	6
1	2	4	7	6	9	8	3	5
4	7	3	6	5	8	1	9	2
5	8	6	1	9	2	4	7	3
2	9	1	4	7	3	6	5	8
6	1	9	3	2	7	5	8	4
7	4	2	5	8	1	3	6	9
3	5	8	9	4	6	7	2	1

Answer **106**

3	7	1	5	6	4	9	2	8
8	2	9	1	3	7	4	5	6
6	5	4	9	8	2	7	1	3
2	3	7	4	1	8	6	9	5
1	4	5	6	2	9	8	3	7
9	6	8	7	5	3	1	4	2
7	1	3	8	9	5	2	6	4
5	8	6	2	4	1	3	7	9
4	9	2	3	7	6	5	8	1

Answer **107**

6	9	7	4	1	8	5	2	3
4	1	5	7	3	2	8	9	6
3	2	8	9	6	5	7	1	4
2	5	9	1	7	6	3	4	8
1	8	3	5	4	9	2	6	7
7	6	4	2	8	3	1	5	9
5	3	2	6	9	7	4	8	1
8	4	6	3	5	1	9	7	2
9	7	1	8	2	4	6	3	5

Answer **108**

5	6	8	7	4	2	3	9	1
1	3	7	5	9	8	6	2	4
4	2	9	6	3	1	5	7	8
6	4	5	1	2	7	9	8	3
8	9	1	3	6	4	7	5	2
2	7	3	8	5	9	1	4	6
7	8	6	2	1	5	4	3	9
9	1	2	4	7	3	8	6	5
3	5	4	9	8	6	2	1	7

Answer **109**

4	5	6	9	7	2	8	3	1
3	1	9	5	4	8	7	2	6
7	8	2	3	6	1	5	4	9
9	7	8	6	2	3	4	1	5
1	2	3	4	8	5	9	6	7
5	6	4	1	9	7	2	8	3
8	3	1	7	5	4	6	9	2
2	9	5	8	1	6	3	7	4
6	4	7	2	3	9	1	5	8

Answer **110**

5	3	4	1	7	8	6	9	2
2	8	9	4	5	6	1	3	7
6	7	1	9	3	2	5	4	8
8	6	3	7	2	1	9	5	4
1	2	5	8	9	4	7	6	3
9	4	7	5	6	3	2	8	1
3	5	6	2	8	7	4	1	9
7	1	8	6	4	9	3	2	5
4	9	2	3	1	5	8	7	6

Answer **111**

8	2	3	9	6	1	5	7	4
7	6	1	4	2	5	3	8	9
4	5	9	3	7	8	1	6	2
9	8	6	5	3	7	2	4	1
2	1	5	6	8	4	7	9	3
3	4	7	2	1	9	8	5	6
5	7	2	1	9	6	4	3	8
6	3	8	7	4	2	9	1	5
1	9	4	8	5	3	6	2	7

Answer **112**

8	5	6	4	9	7	1	2	3
2	1	9	5	3	8	7	4	6
4	3	7	1	2	6	8	5	9
1	8	2	3	5	9	6	7	4
9	7	3	6	4	1	5	8	2
5	6	4	8	7	2	9	3	1
6	4	1	2	8	5	3	9	7
7	2	8	9	1	3	4	6	5
3	9	5	7	6	4	2	1	8

Answer **113**

2	8	9	6	1	5	4	7	3
1	6	7	4	9	3	8	5	2
3	4	5	7	2	8	1	9	6
5	1	6	9	7	4	3	2	8
4	7	8	2	3	6	9	1	5
9	3	2	8	5	1	7	6	4
8	5	1	3	6	7	2	4	9
6	2	4	1	8	9	5	3	7
7	9	3	5	4	2	6	8	1

Answer **114**

5	9	4	8	7	2	1	6	3
7	2	3	9	6	1	4	8	5
6	8	1	3	5	4	7	2	9
8	6	5	4	1	7	3	9	2
9	4	7	2	8	3	6	5	1
1	3	2	5	9	6	8	7	4
2	7	6	1	4	5	9	3	8
4	5	8	6	3	9	2	1	7
3	1	9	7	2	8	5	4	6

Answer 115

9	5	7	3	1	8	2	4	6
4	1	6	5	9	2	8	3	7
8	3	2	4	6	7	1	5	9
6	9	3	2	4	1	7	8	5
7	2	1	8	5	9	4	6	3
5	8	4	7	3	6	9	2	1
2	6	8	1	7	5	3	9	4
1	4	9	6	8	3	5	7	2
3	7	5	9	2	4	6	1	8

Answer 116

7	1	8	5	4	9	2	6	3
9	3	5	7	2	6	1	8	4
4	2	6	8	1	3	9	5	7
2	8	3	6	7	4	5	1	9
6	9	7	2	5	1	4	3	8
5	4	1	3	9	8	7	2	6
3	7	4	1	8	2	6	9	5
8	5	2	9	6	7	3	4	1
1	6	9	4	3	5	8	7	2

Answer 117

1	5	9	2	7	8	4	3	6
8	2	3	6	4	9	5	7	1
7	4	6	5	1	3	2	8	9
4	9	8	7	2	5	6	1	3
3	1	5	9	8	6	7	2	4
2	6	7	1	3	4	8	9	5
6	8	1	3	5	2	9	4	7
9	7	4	8	6	1	3	5	2
5	3	2	4	9	7	1	6	8

Answer 118

2	7	5	3	4	8	1	6	9
6	1	8	7	5	9	3	2	4
9	4	3	6	1	2	5	8	7
3	9	4	8	7	1	2	5	6
7	2	1	9	6	5	4	3	8
5	8	6	2	3	4	7	9	1
8	5	2	1	9	7	6	4	3
4	3	7	5	8	6	9	1	2
1	6	9	4	2	3	8	7	5

Answer 119

6	2	3	8	1	7	5	4	9
7	4	5	9	3	6	2	1	8
9	8	1	4	5	2	3	6	7
2	5	4	7	9	8	6	3	1
8	3	6	5	4	1	9	7	2
1	7	9	2	6	3	8	5	4
4	9	7	3	2	5	1	8	6
5	1	2	6	8	4	7	9	3
3	6	8	1	7	9	4	2	5

Answer 120

3	1	9	7	4	2	6	5	8
4	5	6	1	8	3	7	2	9
8	2	7	9	6	5	4	3	1
7	3	1	8	2	6	5	9	4
2	8	4	3	5	9	1	6	7
6	9	5	4	7	1	2	8	3
9	6	3	5	1	4	8	7	2
5	4	8	2	9	7	3	1	6
1	7	2	6	3	8	9	4	5

Answer **121**

6	2	4	5	3	7	9	1	8
7	5	8	2	1	9	6	4	3
9	1	3	8	6	4	5	7	2
3	7	5	6	8	2	4	9	1
1	8	6	9	4	3	7	2	5
2	4	9	1	7	5	3	8	6
4	3	2	7	5	1	8	6	9
8	9	7	3	2	6	1	5	4
5	6	1	4	9	8	2	3	7

Answer **122**

7	2	4	5	1	9	8	6	3
3	8	9	7	2	6	1	5	4
6	1	5	4	3	8	9	2	7
8	7	3	2	4	5	6	1	9
5	6	2	9	7	1	4	3	8
9	4	1	8	6	3	2	7	5
2	3	7	6	8	4	5	9	1
1	9	8	3	5	2	7	4	6
4	5	6	1	9	7	3	8	2

Answer **123**

1	4	7	2	5	8	9	3	6
6	8	5	9	3	1	2	4	7
2	3	9	6	7	4	5	1	8
9	6	8	1	2	7	4	5	3
5	1	4	8	6	3	7	9	2
7	2	3	5	4	9	8	6	1
3	9	1	4	8	2	6	7	5
8	7	6	3	9	5	1	2	4
4	5	2	7	1	6	3	8	9

Answer **124**

2	5	8	1	9	4	7	3	6
1	7	6	2	5	3	8	9	4
3	4	9	8	6	7	1	5	2
7	2	3	4	8	1	9	6	5
8	1	5	9	2	6	4	7	3
6	9	4	3	7	5	2	1	8
9	3	7	5	4	8	6	2	1
5	8	2	6	1	9	3	4	7
4	6	1	7	3	2	5	8	9

Answer **125**

6	7	9	4	3	1	2	5	8
4	2	1	5	8	6	7	3	9
5	3	8	2	7	9	4	1	6
1	8	3	6	4	7	9	2	5
2	5	6	1	9	3	8	7	4
9	4	7	8	5	2	1	6	3
7	9	5	3	2	8	6	4	1
8	1	4	7	6	5	3	9	2
3	6	2	9	1	4	5	8	7

Answer **126**

7	3	1	9	2	6	5	4	8
4	2	6	5	3	8	1	9	7
8	5	9	7	1	4	6	2	3
2	6	8	1	4	7	3	5	9
9	1	3	2	8	5	7	6	4
5	4	7	3	6	9	2	8	1
3	8	4	6	5	1	9	7	2
6	7	2	8	9	3	4	1	5
1	9	5	4	7	2	8	3	6

Answer **127**

3	2	9	7	4	6	1	5	8
5	7	4	8	1	3	9	2	6
8	6	1	5	2	9	7	4	3
2	9	8	3	5	4	6	1	7
1	5	6	9	7	2	3	8	4
7	4	3	6	8	1	5	9	2
6	8	2	1	3	5	4	7	9
9	1	7	4	6	8	2	3	5
4	3	5	2	9	7	8	6	1

Answer **128**

6	3	9	1	4	2	5	7	8
2	8	1	6	7	5	4	3	9
4	5	7	3	8	9	2	1	6
1	6	8	5	2	7	9	4	3
7	4	2	9	1	3	6	8	5
5	9	3	4	6	8	1	2	7
9	2	6	8	3	4	7	5	1
3	1	4	7	5	6	8	9	2
8	7	5	2	9	1	3	6	4

Answer **129**

7	9	1	6	8	3	5	4	2
8	2	5	1	4	7	3	9	6
4	3	6	9	5	2	8	1	7
2	4	8	5	9	6	1	7	3
9	1	7	3	2	8	6	5	4
6	5	3	4	7	1	9	2	8
1	8	9	2	6	4	7	3	5
5	7	4	8	3	9	2	6	1
3	6	2	7	1	5	4	8	9

Answer **130**

1	8	5	9	7	6	4	2	3
4	7	6	5	3	2	1	8	9
9	2	3	4	8	1	6	5	7
6	3	7	8	9	5	2	1	4
5	1	4	6	2	7	9	3	8
2	9	8	3	1	4	5	7	6
7	6	1	2	4	8	3	9	5
8	5	9	1	6	3	7	4	2
3	4	2	7	5	9	8	6	1

Answer **131**

2	4	9	3	5	7	8	1	6
6	3	5	8	1	4	9	2	7
7	1	8	9	6	2	4	5	3
1	9	6	2	8	5	3	7	4
3	5	7	4	9	6	1	8	2
4	8	2	1	7	3	6	9	5
5	7	1	6	3	8	2	4	9
8	6	4	7	2	9	5	3	1
9	2	3	5	4	1	7	6	8

Answer **132**

8	5	7	3	9	6	2	4	1
4	1	9	8	2	5	6	7	3
3	2	6	1	4	7	5	8	9
5	4	8	7	3	2	1	9	6
7	6	3	5	1	9	8	2	4
2	9	1	4	6	8	7	3	5
1	8	4	6	7	3	9	5	2
9	3	5	2	8	1	4	6	7
6	7	2	9	5	4	3	1	8

Answer **133**

8	4	3	6	9	5	2	7	1
6	5	2	1	4	7	9	8	3
7	1	9	2	3	8	5	6	4
9	6	8	4	2	1	7	3	5
1	3	7	5	8	9	6	4	2
5	2	4	3	7	6	8	1	9
2	9	6	8	1	3	4	5	7
4	8	1	7	5	2	3	9	6
3	7	5	9	6	4	1	2	8

Answer **134**

3	7	1	8	6	2	4	5	9
4	2	9	5	7	1	3	6	8
6	8	5	9	3	4	7	1	2
5	4	2	1	8	7	6	9	3
1	3	8	4	9	6	2	7	5
9	6	7	3	2	5	8	4	1
7	5	6	2	1	8	9	3	4
2	1	3	6	4	9	5	8	7
8	9	4	7	5	3	1	2	6

Answer **135**

7	2	3	4	8	6	1	5	9
8	6	5	3	1	9	2	7	4
9	4	1	2	7	5	6	3	8
3	9	2	1	6	8	7	4	5
5	8	7	9	4	2	3	6	1
6	1	4	5	3	7	9	8	2
4	3	8	6	2	1	5	9	7
1	7	9	8	5	3	4	2	6
2	5	6	7	9	4	8	1	3

Answer **136**

9	6	8	7	2	4	3	5	1
4	7	5	1	9	3	8	2	6
1	2	3	5	8	6	9	4	7
7	3	2	9	1	8	5	6	4
6	1	9	4	5	7	2	8	3
8	5	4	3	6	2	1	7	9
5	4	7	8	3	9	6	1	2
2	9	1	6	7	5	4	3	8
3	8	6	2	4	1	7	9	5

Answer **137**

5	4	1	8	7	3	9	6	2
6	2	9	4	5	1	7	8	3
3	7	8	9	6	2	1	5	4
1	5	3	6	2	7	8	4	9
4	9	7	1	8	5	2	3	6
8	6	2	3	9	4	5	1	7
2	3	4	7	1	8	6	9	5
7	8	6	5	3	9	4	2	1
9	1	5	2	4	6	3	7	8

Answer **138**

4	8	6	5	9	1	3	2	7
7	5	3	4	2	8	1	6	9
2	9	1	6	7	3	5	8	4
9	6	4	7	1	5	2	3	8
8	3	7	2	4	6	9	5	1
5	1	2	8	3	9	4	7	6
3	7	9	1	8	2	6	4	5
1	4	5	3	6	7	8	9	2
6	2	8	9	5	4	7	1	3

Answer 139

1	6	7	2	5	8	4	3	9
9	8	4	3	1	7	5	2	6
3	5	2	9	6	4	1	8	7
7	1	9	5	3	2	8	6	4
4	2	6	7	8	9	3	5	1
8	3	5	6	4	1	9	7	2
2	7	1	8	9	3	6	4	5
6	4	3	1	7	5	2	9	8
5	9	8	4	2	6	7	1	3

Answer 140

9	7	4	2	5	3	1	6	8
6	1	8	7	9	4	5	2	3
5	2	3	8	1	6	4	9	7
1	3	9	5	7	8	2	4	6
4	8	6	1	3	2	7	5	9
7	5	2	6	4	9	3	8	1
2	9	1	4	6	7	8	3	5
8	6	5	3	2	1	9	7	4
3	4	7	9	8	5	6	1	2

Answer 141

6	2	1	5	8	7	4	9	3
8	3	7	2	9	4	1	6	5
4	5	9	3	6	1	8	2	7
7	6	4	1	3	8	2	5	9
3	1	2	7	5	9	6	4	8
5	9	8	6	4	2	3	7	1
9	7	6	4	1	3	5	8	2
1	8	5	9	2	6	7	3	4
2	4	3	8	7	5	9	1	6

Answer 142

5	6	3	2	9	1	7	8	4
2	1	4	3	8	7	6	5	9
7	9	8	6	5	4	1	2	3
4	8	6	7	1	9	5	3	2
9	5	7	4	3	2	8	1	6
1	3	2	5	6	8	4	9	7
6	2	5	8	4	3	9	7	1
8	7	9	1	2	6	3	4	5
3	4	1	9	7	5	2	6	8

Answer 143

2	8	4	5	1	3	9	7	6
6	5	3	7	4	9	8	1	2
9	1	7	2	8	6	5	4	3
8	6	2	9	7	1	3	5	4
5	7	9	3	2	4	6	8	1
3	4	1	8	6	5	7	2	9
4	9	8	6	5	2	1	3	7
1	3	5	4	9	7	2	6	8
7	2	6	1	3	8	4	9	5

Answer 144

4	8	6	2	5	3	9	7	1
3	7	1	8	4	9	2	5	6
5	2	9	1	7	6	3	4	8
8	5	4	7	9	2	1	6	3
2	1	7	3	6	8	4	9	5
9	6	3	4	1	5	8	2	7
7	3	8	6	2	4	5	1	9
1	4	5	9	3	7	6	8	2
6	9	2	5	8	1	7	3	4

Answer **145**

5	8	3	4	9	1	2	7	6
1	6	4	2	7	5	9	8	3
9	2	7	6	3	8	5	1	4
8	3	5	1	6	2	7	4	9
4	1	2	7	5	9	3	6	8
7	9	6	3	8	4	1	5	2
3	4	8	5	2	7	6	9	1
2	7	9	8	1	6	4	3	5
6	5	1	9	4	3	8	2	7

Answer **146**

5	9	6	3	8	4	2	7	1
7	3	2	6	5	1	8	9	4
1	8	4	7	2	9	3	6	5
8	2	5	4	6	7	1	3	9
9	6	3	8	1	2	5	4	7
4	1	7	9	3	5	6	2	8
3	4	1	2	9	8	7	5	6
2	5	9	1	7	6	4	8	3
6	7	8	5	4	3	9	1	2

Answer **147**

8	5	2	6	4	3	1	7	9
7	6	3	1	2	9	8	4	5
9	4	1	5	7	8	3	6	2
5	2	6	4	1	7	9	8	3
3	9	7	8	5	6	4	2	1
4	1	8	3	9	2	7	5	6
2	8	4	9	6	1	5	3	7
6	3	9	7	8	5	2	1	4
1	7	5	2	3	4	6	9	8

Answer **148**

4	1	7	8	6	5	2	9	3
2	5	9	4	1	3	7	8	6
3	8	6	7	2	9	1	5	4
8	4	3	1	9	7	6	2	5
9	7	2	6	5	4	3	1	8
5	6	1	2	3	8	9	4	7
6	2	4	5	7	1	8	3	9
7	3	5	9	8	2	4	6	1
1	9	8	3	4	6	5	7	2

Answer **149**

1	9	2	8	3	4	5	6	7
5	8	3	6	7	9	1	4	2
6	7	4	1	2	5	3	9	8
3	6	5	2	4	1	8	7	9
4	1	8	9	6	7	2	5	3
9	2	7	5	8	3	6	1	4
2	5	1	7	9	8	4	3	6
7	3	6	4	5	2	9	8	1
8	4	9	3	1	6	7	2	5

Answer **150**

4	9	8	1	2	5	7	3	6
2	3	7	6	4	8	5	1	9
1	6	5	3	9	7	4	2	8
8	4	9	7	1	2	6	5	3
5	1	6	8	3	4	2	9	7
7	2	3	9	5	6	8	4	1
3	7	4	5	8	9	1	6	2
9	8	2	4	6	1	3	7	5
6	5	1	2	7	3	9	8	4

Answer **151**

4	6	8	2	9	1	3	7	5
2	5	3	7	8	4	9	6	1
1	9	7	5	3	6	8	4	2
5	2	9	4	7	3	6	1	8
7	8	6	9	1	5	4	2	3
3	1	4	6	2	8	7	5	9
8	3	2	1	6	7	5	9	4
6	4	1	3	5	9	2	8	7
9	7	5	8	4	2	1	3	6

Answer **152**

8	5	7	3	9	6	2	4	1
4	1	9	8	2	5	6	7	3
3	2	6	1	4	7	5	8	9
5	4	8	7	3	2	1	9	6
7	6	3	5	1	9	8	2	4
2	9	1	4	6	8	7	3	5
1	8	4	6	7	3	9	5	2
9	3	5	2	8	1	4	6	7
6	7	2	9	5	4	3	1	8

Answer **153**

8	4	3	6	9	5	2	7	1
6	5	2	1	4	7	9	8	3
7	1	9	2	3	8	5	6	4
9	6	8	4	2	1	7	3	5
1	3	7	5	8	9	6	4	2
5	2	4	3	7	6	8	1	9
2	9	6	8	1	3	4	5	7
4	8	1	7	5	2	3	9	6
3	7	5	9	6	4	1	2	8

Answer **154**

3	7	1	8	6	2	4	5	9
4	2	9	5	7	1	3	6	8
6	8	5	9	3	4	7	1	2
5	4	2	1	8	7	6	9	3
1	3	8	4	9	6	2	7	5
9	6	7	3	2	5	8	4	1
7	5	6	2	1	8	9	3	4
2	1	3	6	4	9	5	8	7
8	9	4	7	5	3	1	2	6

Answer **155**

7	2	3	4	8	6	1	5	9
8	6	5	3	1	9	2	7	4
9	4	1	2	7	5	6	3	8
3	9	2	1	6	8	7	4	5
5	8	7	9	4	2	3	6	1
6	1	4	5	3	7	9	8	2
4	3	8	6	2	1	5	9	7
1	7	9	8	5	3	4	2	6
2	5	6	7	9	4	8	1	3

Answer **156**

9	6	8	7	2	4	3	5	1
4	7	5	1	9	3	8	2	6
1	2	3	5	8	6	9	4	7
7	3	2	9	1	8	5	6	4
6	1	9	4	5	7	2	8	3
8	5	4	3	6	2	1	7	9
5	4	7	8	3	9	6	1	2
2	9	1	6	7	5	4	3	8
3	8	6	2	4	1	7	9	5

Answer **001**

9	1	6	8	4	2	7	3	5
7	3	4	5	6	9	8	2	1
5	2	8	1	7	3	4	9	6
2	8	9	6	3	4	5	1	7
3	6	5	9	1	7	2	4	8
1	4	7	2	5	8	3	6	9
4	5	1	7	2	6	9	8	3
6	9	2	3	8	5	1	7	4
8	7	3	4	9	1	6	5	2

Answer **002**

2	1	6	5	7	4	3	9	8
5	3	9	2	8	1	6	7	4
4	7	8	3	6	9	2	5	1
6	4	1	9	2	8	7	3	5
8	5	7	1	3	6	9	4	2
9	2	3	4	5	7	1	8	6
1	6	5	7	4	3	8	2	9
7	9	4	8	1	2	5	6	3
3	8	2	6	9	5	4	1	7

Answer **003**

9	2	4	6	8	7	3	1	5
5	3	6	9	1	4	8	7	2
8	1	7	5	2	3	6	4	9
3	6	5	7	9	2	1	8	4
2	9	8	3	4	1	7	5	6
4	7	1	8	6	5	9	2	3
1	8	2	4	3	9	5	6	7
6	5	3	2	7	8	4	9	1
7	4	9	1	5	6	2	3	8

Answer **004**

6	7	3	4	9	5	1	2	8
9	2	4	1	8	6	5	7	3
8	1	5	2	3	7	9	6	4
2	4	8	6	1	9	7	3	5
1	5	6	3	7	4	8	9	2
7	3	9	5	2	8	4	1	6
5	8	1	7	6	3	2	4	9
4	6	2	9	5	1	3	8	7
3	9	7	8	4	2	6	5	1

Answer **005**

1	2	4	3	7	6	9	8	5
7	8	3	9	2	5	6	4	1
6	9	5	8	1	4	3	2	7
4	6	8	1	3	7	2	5	9
5	3	2	4	6	9	7	1	8
9	7	1	5	8	2	4	3	6
8	5	6	7	4	3	1	9	2
3	1	7	2	9	8	5	6	4
2	4	9	6	5	1	8	7	3

Answer **006**

3	4	5	1	9	2	7	6	8
6	2	7	3	8	4	9	5	1
1	9	8	7	6	5	4	3	2
4	1	6	9	7	8	3	2	5
2	8	9	5	3	1	6	4	7
5	7	3	4	2	6	1	8	9
9	5	1	8	4	3	2	7	6
8	6	4	2	1	7	5	9	3
7	3	2	6	5	9	8	1	4

Answer **007**

9	5	6	7	3	8	1	2	4
4	2	7	1	6	9	3	8	5
1	3	8	5	4	2	7	6	9
3	9	4	6	2	5	8	7	1
2	8	1	3	9	7	4	5	6
6	7	5	4	8	1	2	9	3
5	4	3	8	7	6	9	1	2
8	6	9	2	1	3	5	4	7
7	1	2	9	5	4	6	3	8

Answer **008**

3	7	1	4	5	9	2	8	6
6	9	8	2	3	1	7	4	5
2	4	5	7	6	8	9	1	3
7	5	6	1	2	4	8	3	9
8	1	2	3	9	5	6	7	4
9	3	4	6	8	7	1	5	2
5	6	9	8	7	3	4	2	1
1	8	3	9	4	2	5	6	7
4	2	7	5	1	6	3	9	8

Answer **009**

7	8	9	5	3	4	2	6	1
6	3	2	1	9	7	8	5	4
1	4	5	6	8	2	7	9	3
9	1	4	3	2	6	5	7	8
5	6	8	7	1	9	3	4	2
2	7	3	4	5	8	9	1	6
8	5	6	9	4	3	1	2	7
3	9	7	2	6	1	4	8	5
4	2	1	8	7	5	6	3	9

Answer **010**

5	9	3	2	1	8	6	4	7
7	2	8	5	6	4	9	3	1
1	6	4	3	7	9	5	2	8
4	3	9	7	5	6	8	1	2
6	5	2	1	8	3	4	7	9
8	7	1	4	9	2	3	6	5
9	1	6	8	3	7	2	5	4
3	4	5	9	2	1	7	8	6
2	8	7	6	4	5	1	9	3

Answer **011**

2	8	9	6	4	1	3	5	7
7	6	1	2	3	5	8	4	9
5	4	3	7	9	8	1	2	6
3	7	4	8	5	2	9	6	1
1	9	6	3	7	4	5	8	2
8	2	5	1	6	9	4	7	3
6	1	7	4	8	3	2	9	5
9	3	8	5	2	7	6	1	4
4	5	2	9	1	6	7	3	8

Answer **012**

4	9	3	8	6	2	1	5	7
6	2	7	3	1	5	4	8	9
5	8	1	4	7	9	2	6	3
8	4	5	7	2	3	6	9	1
3	1	2	5	9	6	7	4	8
9	7	6	1	8	4	3	2	5
1	3	4	6	5	8	9	7	2
7	5	9	2	4	1	8	3	6
2	6	8	9	3	7	5	1	4

Answer **013**

3	7	8	1	5	6	4	9	2
9	5	4	2	8	7	6	3	1
6	2	1	4	9	3	7	5	8
7	4	2	3	6	9	1	8	5
1	9	5	8	2	4	3	7	6
8	6	3	7	1	5	9	2	4
4	8	7	5	3	1	2	6	9
2	3	9	6	4	8	5	1	7
5	1	6	9	7	2	8	4	3

Answer **014**

3	5	8	2	7	6	4	9	1
1	2	6	9	4	8	5	7	3
4	7	9	1	5	3	6	2	8
7	1	3	4	9	2	8	5	6
8	4	5	3	6	7	2	1	9
9	6	2	8	1	5	3	4	7
2	8	1	7	3	4	9	6	5
6	3	7	5	2	9	1	8	4
5	9	4	6	8	1	7	3	2

Answer **015**

4	5	9	1	6	7	8	3	2
8	1	7	9	2	3	4	5	6
3	6	2	4	5	8	9	1	7
9	8	1	5	4	2	7	6	3
6	3	5	7	1	9	2	8	4
7	2	4	8	3	6	5	9	1
1	7	6	2	8	5	3	4	9
2	4	8	3	9	1	6	7	5
5	9	3	6	7	4	1	2	8

Answer **016**

2	3	1	9	8	4	5	6	7
8	7	6	1	5	2	3	4	9
5	4	9	7	6	3	8	1	2
1	9	8	4	2	5	6	7	3
6	2	3	8	7	1	9	5	4
4	5	7	6	3	9	1	2	8
9	6	2	5	4	8	7	3	1
3	1	5	2	9	7	4	8	6
7	8	4	3	1	6	2	9	5

Answer **017**

6	2	3	9	7	1	4	5	8
9	4	7	8	5	6	2	3	1
8	5	1	4	3	2	7	9	6
5	8	4	6	2	7	3	1	9
2	1	6	3	9	4	5	8	7
7	3	9	1	8	5	6	4	2
4	9	8	7	6	3	1	2	5
1	6	5	2	4	9	8	7	3
3	7	2	5	1	8	9	6	4

Answer **018**

7	2	3	9	6	4	8	5	1
9	8	4	1	2	5	6	3	7
6	5	1	3	8	7	2	4	9
1	7	6	2	4	9	5	8	3
3	9	2	6	5	8	7	1	4
5	4	8	7	1	3	9	6	2
2	3	5	8	9	1	4	7	6
8	6	7	4	3	2	1	9	5
4	1	9	5	7	6	3	2	8

Answer 019

7	6	5	9	3	2	4	8	1
9	3	8	4	6	1	2	5	7
4	2	1	5	7	8	6	9	3
5	4	2	8	9	7	3	1	6
6	7	3	1	2	5	9	4	8
1	8	9	6	4	3	5	7	2
3	5	7	2	1	9	8	6	4
8	1	6	3	5	4	7	2	9
2	9	4	7	8	6	1	3	5

Answer 020

7	8	6	4	1	2	9	5	3
2	9	3	5	8	7	6	4	1
4	5	1	6	9	3	7	8	2
9	7	2	1	5	4	3	6	8
1	4	5	8	3	6	2	7	9
3	6	8	2	7	9	4	1	5
5	2	4	3	6	8	1	9	7
6	1	7	9	2	5	8	3	4
8	3	9	7	4	1	5	2	6

Answer 021

5	1	4	6	8	7	3	9	2
9	3	8	2	4	1	7	5	6
2	6	7	3	9	5	1	8	4
7	9	3	1	5	2	4	6	8
8	2	1	4	6	9	5	7	3
4	5	6	8	7	3	9	2	1
3	7	2	5	1	6	8	4	9
6	4	5	9	3	8	2	1	7
1	8	9	7	2	4	6	3	5

Answer 022

2	9	6	1	5	3	7	4	8
4	5	8	6	9	7	2	3	1
3	1	7	4	2	8	9	5	6
5	7	1	8	6	9	3	2	4
8	3	4	2	1	5	6	7	9
9	6	2	3	7	4	1	8	5
1	2	3	5	8	6	4	9	7
7	4	5	9	3	1	8	6	2
6	8	9	7	4	2	5	1	3

Answer 023

2	7	5	9	1	4	6	8	3
4	1	8	6	5	3	7	2	9
6	9	3	2	8	7	4	1	5
5	8	7	3	6	2	1	9	4
9	3	6	1	4	5	8	7	2
1	4	2	8	7	9	3	5	6
3	5	4	7	9	8	2	6	1
7	6	9	4	2	1	5	3	8
8	2	1	5	3	6	9	4	7

Answer 024

7	1	3	9	8	4	6	2	5
2	9	6	7	5	1	4	3	8
4	8	5	2	3	6	9	1	7
8	6	1	4	7	9	2	5	3
5	4	7	8	2	3	1	9	6
9	3	2	6	1	5	7	8	4
3	7	8	1	6	2	5	4	9
1	5	9	3	4	7	8	6	2
6	2	4	5	9	8	3	7	1

Answer 025

7	9	1	6	4	8	3	5	2
2	6	3	9	5	1	4	7	8
8	5	4	3	2	7	6	9	1
6	8	7	5	3	9	1	2	4
4	1	5	2	7	6	9	8	3
9	3	2	1	8	4	7	6	5
1	4	8	7	9	5	2	3	6
3	7	6	8	1	2	5	4	9
5	2	9	4	6	3	8	1	7

Answer 026

1	4	5	9	3	8	2	6	7
9	2	7	4	1	6	3	8	5
3	6	8	7	2	5	1	4	9
7	1	4	6	5	3	9	2	8
8	3	6	2	4	9	5	7	1
2	5	9	8	7	1	6	3	4
6	7	3	5	9	4	8	1	2
5	8	2	1	6	7	4	9	3
4	9	1	3	8	2	7	5	6

Answer 027

9	5	2	3	7	8	6	1	4
3	4	7	6	9	1	8	5	2
6	1	8	4	2	5	9	3	7
2	8	6	1	3	7	5	4	9
5	3	4	8	6	9	2	7	1
7	9	1	5	4	2	3	6	8
4	2	9	7	5	3	1	8	6
1	7	5	9	8	6	4	2	3
8	6	3	2	1	4	7	9	5

Answer 028

2	3	9	4	5	1	8	7	6
8	4	1	7	6	9	3	5	2
6	5	7	8	2	3	4	9	1
4	8	2	9	1	7	6	3	5
5	7	3	6	8	2	1	4	9
9	1	6	5	3	4	2	8	7
3	6	4	1	7	5	9	2	8
1	2	5	3	9	8	7	6	4
7	9	8	2	4	6	5	1	3

Answer 029

2	8	7	1	5	9	4	6	3
4	3	5	8	2	6	9	1	7
9	6	1	7	3	4	5	2	8
5	2	4	3	6	7	1	8	9
3	9	8	2	4	1	7	5	6
1	7	6	5	9	8	3	4	2
6	5	3	4	7	2	8	9	1
7	1	2	9	8	5	6	3	4
8	4	9	6	1	3	2	7	5

Answer 030

6	2	1	9	4	7	8	3	5
5	3	4	2	8	1	7	6	9
7	8	9	5	3	6	2	1	4
3	4	6	8	1	9	5	2	7
9	5	8	7	2	3	1	4	6
2	1	7	6	5	4	9	8	3
4	6	5	1	7	2	3	9	8
1	7	3	4	9	8	6	5	2
8	9	2	3	6	5	4	7	1

Answer 031

6	1	9	3	2	4	8	5	7
8	5	3	9	1	7	2	4	6
4	7	2	8	6	5	3	9	1
9	3	8	4	7	1	5	6	2
7	6	4	5	9	2	1	8	3
5	2	1	6	3	8	4	7	9
3	8	6	1	5	9	7	2	4
1	4	7	2	8	6	9	3	5
2	9	5	7	4	3	6	1	8

Answer 032

1	7	9	4	5	2	6	3	8
4	3	5	7	6	8	1	9	2
2	6	8	1	9	3	5	4	7
9	2	3	5	8	7	4	1	6
5	1	7	3	4	6	8	2	9
6	8	4	9	2	1	7	5	3
7	5	2	8	3	4	9	6	1
3	4	1	6	7	9	2	8	5
8	9	6	2	1	5	3	7	4

Answer 033

8	3	4	9	2	7	5	6	1
1	9	5	3	4	6	2	8	7
2	7	6	5	1	8	4	3	9
9	2	8	7	5	4	6	1	3
7	4	1	6	3	2	8	9	5
5	6	3	8	9	1	7	4	2
4	1	7	2	8	3	9	5	6
6	8	9	1	7	5	3	2	4
3	5	2	4	6	9	1	7	8

Answer 034

2	3	5	8	7	4	9	1	6
4	8	9	5	1	6	3	2	7
7	6	1	9	3	2	8	4	5
8	5	2	4	9	3	6	7	1
6	4	3	1	5	7	2	8	9
9	1	7	2	6	8	4	5	3
1	9	4	3	2	5	7	6	8
5	7	8	6	4	9	1	3	2
3	2	6	7	8	1	5	9	4

Answer 035

7	4	1	8	5	2	6	3	9
3	8	5	6	9	7	1	2	4
6	2	9	1	4	3	7	8	5
8	6	2	3	1	5	4	9	7
4	5	3	7	8	9	2	1	6
9	1	7	4	2	6	8	5	3
5	9	6	2	7	8	3	4	1
1	3	8	9	6	4	5	7	2
2	7	4	5	3	1	9	6	8

Answer 036

8	5	7	6	4	9	2	1	3
4	3	9	2	1	7	6	5	8
1	6	2	3	8	5	4	7	9
9	8	4	5	3	1	7	2	6
2	1	5	9	7	6	8	3	4
3	7	6	8	2	4	1	9	5
5	4	3	1	6	2	9	8	7
6	9	1	7	5	8	3	4	2
7	2	8	4	9	3	5	6	1

Answer **037**

8	3	1	7	2	5	6	9	4
7	4	6	8	3	9	1	5	2
9	2	5	1	4	6	3	8	7
1	7	3	6	9	2	5	4	8
6	8	2	4	5	1	7	3	9
4	5	9	3	8	7	2	6	1
3	6	4	2	1	8	9	7	5
2	9	7	5	6	4	8	1	3
5	1	8	9	7	3	4	2	6

Answer **038**

1	5	8	3	7	4	2	9	6
7	6	9	5	1	2	3	8	4
2	4	3	9	6	8	1	7	5
9	2	6	8	5	1	4	3	7
5	7	4	6	9	3	8	1	2
3	8	1	4	2	7	5	6	9
4	3	7	2	8	9	6	5	1
8	1	5	7	4	6	9	2	3
6	9	2	1	3	5	7	4	8

Answer **039**

5	4	8	1	7	2	6	9	3
7	2	9	4	3	6	5	1	8
3	1	6	5	8	9	2	7	4
9	8	2	7	5	4	3	6	1
6	5	3	2	9	1	4	8	7
4	7	1	8	6	3	9	2	5
2	3	4	9	1	8	7	5	6
1	6	5	3	2	7	8	4	9
8	9	7	6	4	5	1	3	2

Answer **040**

6	9	3	2	5	1	4	8	7
8	1	7	3	6	4	5	9	2
4	2	5	7	8	9	3	1	6
5	4	2	6	9	7	8	3	1
3	6	8	4	1	5	2	7	9
9	7	1	8	3	2	6	4	5
2	3	9	1	4	6	7	5	8
1	8	6	5	7	3	9	2	4
7	5	4	9	2	8	1	6	3

Answer **041**

8	6	7	2	9	3	5	4	1
9	2	3	4	5	1	7	8	6
5	1	4	8	6	7	9	2	3
2	3	5	7	1	6	8	9	4
7	9	8	3	2	4	6	1	5
1	4	6	9	8	5	2	3	7
4	5	2	6	3	9	1	7	8
3	8	1	5	7	2	4	6	9
6	7	9	1	4	8	3	5	2

Answer **042**

1	8	9	3	4	7	5	6	2
6	5	7	2	9	8	4	3	1
4	2	3	1	5	6	9	8	7
8	4	5	7	6	9	2	1	3
3	9	2	8	1	5	7	4	6
7	1	6	4	2	3	8	9	5
2	6	8	5	3	4	1	7	9
5	3	4	9	7	1	6	2	8
9	7	1	6	8	2	3	5	4

Answer **043**

7	4	6	8	1	5	2	3	9
2	8	9	6	7	3	1	4	5
1	3	5	9	2	4	8	7	6
4	6	2	1	8	7	9	5	3
9	7	8	3	5	6	4	1	2
3	5	1	2	4	9	6	8	7
5	2	7	4	9	8	3	6	1
8	9	3	5	6	1	7	2	4
6	1	4	7	3	2	5	9	8

Answer **044**

6	4	1	9	3	7	2	8	5
9	2	3	4	8	5	1	7	6
8	7	5	1	6	2	4	3	9
4	1	8	2	9	6	3	5	7
7	5	9	8	4	3	6	1	2
2	3	6	7	5	1	9	4	8
1	6	7	3	2	8	5	9	4
3	9	2	5	7	4	8	6	1
5	8	4	6	1	9	7	2	3

Answer **045**

7	6	2	5	9	1	4	8	3
3	5	1	2	4	8	7	6	9
9	8	4	3	6	7	1	2	5
2	1	3	7	5	6	9	4	8
6	9	7	4	8	2	5	3	1
8	4	5	9	1	3	2	7	6
1	2	9	6	3	4	8	5	7
5	7	6	8	2	9	3	1	4
4	3	8	1	7	5	6	9	2

Answer **046**

3	6	4	7	8	9	5	1	2
7	2	1	5	3	6	4	9	8
5	9	8	1	4	2	6	7	3
2	1	9	3	7	5	8	4	6
6	4	7	9	2	8	1	3	5
8	3	5	6	1	4	9	2	7
1	7	6	4	5	3	2	8	9
4	5	2	8	9	7	3	6	1
9	8	3	2	6	1	7	5	4

Answer **047**

8	7	4	1	9	6	2	5	3
5	2	9	8	3	4	1	7	6
3	6	1	5	2	7	9	4	8
1	8	5	9	7	2	6	3	4
6	3	2	4	5	1	7	8	9
9	4	7	6	8	3	5	1	2
7	9	3	2	4	5	8	6	1
2	5	6	3	1	8	4	9	7
4	1	8	7	6	9	3	2	5

Answer **048**

5	4	9	2	3	1	7	8	6
3	6	8	9	7	4	2	5	1
1	2	7	5	8	6	3	9	4
8	9	2	1	6	3	4	7	5
6	1	4	7	9	5	8	3	2
7	5	3	8	4	2	1	6	9
4	7	1	3	5	9	6	2	8
9	3	6	4	2	8	5	1	7
2	8	5	6	1	7	9	4	3

Answer **049**

3	6	1	5	2	9	8	4	7
7	5	2	4	3	8	9	1	6
9	4	8	7	6	1	5	3	2
1	9	4	8	7	2	3	6	5
2	7	5	3	4	6	1	9	8
8	3	6	1	9	5	2	7	4
5	8	7	6	1	3	4	2	9
4	1	9	2	5	7	6	8	3
6	2	3	9	8	4	7	5	1

Answer **050**

6	4	1	9	3	7	2	5	8
8	7	3	2	5	6	1	9	4
5	2	9	1	8	4	7	3	6
3	9	2	4	7	1	8	6	5
1	5	8	6	2	3	4	7	9
4	6	7	5	9	8	3	2	1
7	3	6	8	4	5	9	1	2
2	1	4	7	6	9	5	8	3
9	8	5	3	1	2	6	4	7

Answer **051**

7	6	8	4	3	5	1	9	2
9	4	5	8	2	1	7	3	6
1	3	2	9	6	7	5	4	8
4	7	3	6	8	9	2	5	1
8	5	9	1	4	2	6	7	3
6	2	1	7	5	3	9	8	4
5	8	4	2	7	6	3	1	9
2	1	7	3	9	8	4	6	5
3	9	6	5	1	4	8	2	7

Answer **052**

7	1	8	6	3	9	2	5	4
4	3	2	5	8	1	6	9	7
6	9	5	7	4	2	3	8	1
2	8	1	3	5	6	4	7	9
3	4	6	8	9	7	5	1	2
5	7	9	1	2	4	8	6	3
1	2	7	4	6	5	9	3	8
9	6	3	2	7	8	1	4	5
8	5	4	9	1	3	7	2	6

Answer **053**

9	5	7	1	2	6	3	4	8
1	4	8	3	5	9	7	6	2
2	6	3	8	7	4	9	5	1
3	1	4	6	9	2	5	8	7
7	2	5	4	8	3	1	9	6
8	9	6	7	1	5	4	2	3
6	3	9	2	4	1	8	7	5
4	8	2	5	3	7	6	1	9
5	7	1	9	6	8	2	3	4

Answer **054**

1	2	3	7	5	8	4	6	9
8	4	7	9	6	3	1	5	2
9	6	5	1	2	4	7	3	8
2	9	6	4	7	5	3	8	1
7	8	1	2	3	6	5	9	4
3	5	4	8	1	9	6	2	7
6	1	9	5	4	2	8	7	3
5	7	2	3	8	1	9	4	6
4	3	8	6	9	7	2	1	5

Answer **055**

5	2	1	3	9	8	6	7	4
3	7	4	5	2	6	9	8	1
8	9	6	4	7	1	2	3	5
1	3	2	9	5	4	7	6	8
4	8	9	2	6	7	1	5	3
7	6	5	1	8	3	4	9	2
6	5	7	8	4	2	3	1	9
9	4	3	7	1	5	8	2	6
2	1	8	6	3	9	5	4	7

Answer **056**

3	6	4	5	2	9	1	8	7
8	1	5	3	7	6	9	4	2
7	2	9	1	8	4	3	5	6
6	8	3	9	1	7	4	2	5
2	4	7	6	3	5	8	1	9
9	5	1	8	4	2	6	7	3
4	9	6	7	5	1	2	3	8
5	3	2	4	6	8	7	9	1
1	7	8	2	9	3	5	6	4

Answer **057**

2	7	9	8	5	1	6	3	4
1	5	6	3	4	7	9	8	2
3	4	8	2	9	6	1	7	5
5	9	3	6	2	8	4	1	7
7	6	1	4	3	5	8	2	9
4	8	2	1	7	9	5	6	3
6	2	7	5	8	4	3	9	1
8	3	4	9	1	2	7	5	6
9	1	5	7	6	3	2	4	8

Answer **058**

7	3	9	6	8	1	2	5	4
2	8	4	9	5	7	3	1	6
6	5	1	3	2	4	7	9	8
5	1	2	8	7	9	4	6	3
9	7	6	2	4	3	1	8	5
3	4	8	5	1	6	9	2	7
8	6	3	7	9	2	5	4	1
1	2	7	4	6	5	8	3	9
4	9	5	1	3	8	6	7	2

Answer **059**

9	4	8	2	5	1	6	7	3
2	6	1	9	3	7	4	8	5
7	5	3	8	4	6	2	1	9
5	3	7	4	6	8	1	9	2
4	9	2	7	1	3	5	6	8
1	8	6	5	9	2	7	3	4
6	1	4	3	8	5	9	2	7
8	7	9	1	2	4	3	5	6
3	2	5	6	7	9	8	4	1

Answer **060**

3	5	9	8	6	1	2	7	4
8	4	6	3	2	7	5	9	1
7	2	1	5	9	4	6	8	3
4	3	5	1	8	6	9	2	7
2	9	7	4	5	3	8	1	6
1	6	8	9	7	2	4	3	5
9	8	3	7	4	5	1	6	2
6	1	4	2	3	9	7	5	8
5	7	2	6	1	8	3	4	9

Answer **061**

1	6	8	3	2	5	7	9	4
3	4	9	8	1	7	2	5	6
5	7	2	4	9	6	1	8	3
4	8	1	5	3	2	6	7	9
2	5	6	7	8	9	3	4	1
9	3	7	6	4	1	8	2	5
7	9	5	2	6	3	4	1	8
8	1	3	9	7	4	5	6	2
6	2	4	1	5	8	9	3	7

Answer **062**

2	8	6	3	7	9	1	4	5
3	5	7	2	4	1	9	8	6
9	1	4	8	5	6	7	3	2
6	4	9	1	2	7	8	5	3
1	2	3	9	8	5	4	6	7
5	7	8	6	3	4	2	1	9
8	3	1	7	6	2	5	9	4
7	6	5	4	9	8	3	2	1
4	9	2	5	1	3	6	7	8

Answer **063**

1	5	2	9	3	4	6	8	7
9	8	4	5	7	6	3	2	1
6	7	3	2	8	1	5	4	9
4	6	8	3	1	7	2	9	5
5	2	7	6	9	8	4	1	3
3	9	1	4	5	2	7	6	8
7	4	9	1	2	5	8	3	6
8	3	6	7	4	9	1	5	2
2	1	5	8	6	3	9	7	4

Answer **064**

7	1	6	8	9	5	3	4	2
5	3	8	7	2	4	6	1	9
4	2	9	6	1	3	7	5	8
6	5	2	9	4	1	8	3	7
9	7	3	5	6	8	1	2	4
8	4	1	2	3	7	5	9	6
2	6	7	3	5	9	4	8	1
3	9	4	1	8	6	2	7	5
1	8	5	4	7	2	9	6	3

Answer **065**

8	6	7	9	1	2	4	5	3
3	4	9	5	8	7	2	1	6
2	1	5	3	4	6	8	9	7
9	2	3	8	5	4	7	6	1
5	8	1	6	7	3	9	2	4
6	7	4	1	2	9	3	8	5
1	9	2	7	3	5	6	4	8
4	3	8	2	6	1	5	7	9
7	5	6	4	9	8	1	3	2

Answer **066**

9	3	5	8	6	4	2	7	1
6	8	4	7	1	2	5	3	9
2	7	1	5	9	3	4	8	6
1	9	3	4	8	6	7	2	5
5	2	8	9	7	1	3	6	4
4	6	7	3	2	5	1	9	8
7	4	2	6	5	8	9	1	3
8	5	9	1	3	7	6	4	2
3	1	6	2	4	9	8	5	7

Answer **067**

7	5	4	9	8	2	3	6	1
1	9	8	4	6	3	2	7	5
2	6	3	5	1	7	8	4	9
9	1	6	7	3	8	5	2	4
3	7	5	6	2	4	1	9	8
8	4	2	1	9	5	6	3	7
6	2	1	8	7	9	4	5	3
4	3	7	2	5	1	9	8	6
5	8	9	3	4	6	7	1	2

Answer **068**

4	6	9	3	5	8	2	1	7
7	8	5	1	4	2	3	6	9
2	3	1	6	9	7	8	4	5
8	2	6	4	1	5	9	7	3
5	1	7	9	8	3	6	2	4
9	4	3	2	7	6	1	5	8
6	5	4	8	2	9	7	3	1
1	9	2	7	3	4	5	8	6
3	7	8	5	6	1	4	9	2

Answer **069**

1	4	7	5	9	6	2	8	3
5	2	9	3	8	4	6	7	1
3	8	6	7	2	1	4	9	5
8	1	2	6	5	3	9	4	7
9	6	5	2	4	7	3	1	8
7	3	4	8	1	9	5	6	2
6	7	8	9	3	2	1	5	4
2	9	1	4	7	5	8	3	6
4	5	3	1	6	8	7	2	9

Answer **070**

2	3	5	8	7	4	1	9	6
1	6	4	9	3	5	8	7	2
7	9	8	1	2	6	5	4	3
9	1	2	5	4	8	6	3	7
8	7	6	2	1	3	4	5	9
4	5	3	7	6	9	2	8	1
3	4	1	6	8	7	9	2	5
6	8	9	3	5	2	7	1	4
5	2	7	4	9	1	3	6	8

Answer **071**

1	8	7	3	9	4	6	2	5
4	5	9	2	7	6	1	8	3
3	2	6	1	8	5	4	9	7
9	3	8	5	6	2	7	4	1
7	1	5	4	3	9	8	6	2
6	4	2	8	1	7	5	3	9
8	9	3	7	4	1	2	5	6
5	7	4	6	2	3	9	1	8
2	6	1	9	5	8	3	7	4

Answer **072**

1	8	4	9	6	7	5	3	2
7	2	6	1	5	3	9	4	8
3	9	5	4	2	8	1	7	6
5	7	9	3	8	6	4	2	1
4	1	8	7	9	2	3	6	5
2	6	3	5	4	1	7	8	9
6	5	1	2	3	4	8	9	7
8	4	7	6	1	9	2	5	3
9	3	2	8	7	5	6	1	4

Answer **073**

5	2	3	8	6	4	7	9	1
4	6	7	1	9	2	3	8	5
1	9	8	7	5	3	2	6	4
6	3	4	2	7	1	8	5	9
2	7	5	4	8	9	1	3	6
9	8	1	6	3	5	4	7	2
7	4	9	3	2	6	5	1	8
3	1	6	5	4	8	9	2	7
8	5	2	9	1	7	6	4	3

Answer **074**

1	5	7	6	9	2	3	8	4
2	3	9	8	5	4	6	7	1
4	6	8	3	1	7	9	5	2
3	4	5	7	6	9	1	2	8
9	2	1	4	8	5	7	3	6
7	8	6	2	3	1	5	4	9
8	7	3	9	4	6	2	1	5
6	1	4	5	2	3	8	9	7
5	9	2	1	7	8	4	6	3

Answer **075**

8	7	9	1	6	4	5	2	3
6	3	5	8	7	2	1	4	9
2	1	4	3	5	9	8	7	6
9	2	7	5	8	1	3	6	4
4	6	8	7	2	3	9	5	1
1	5	3	9	4	6	2	8	7
7	9	6	2	3	5	4	1	8
5	8	1	4	9	7	6	3	2
3	4	2	6	1	8	7	9	5

Answer **076**

3	4	1	8	6	5	7	9	2
2	5	8	7	9	3	1	4	6
9	6	7	1	4	2	8	3	5
8	3	9	2	1	6	5	7	4
5	2	6	4	7	9	3	8	1
1	7	4	3	5	8	2	6	9
6	9	2	5	8	7	4	1	3
7	1	5	9	3	4	6	2	8
4	8	3	6	2	1	9	5	7

Answer **077**

2	8	7	5	4	6	1	3	9
6	1	4	9	3	2	5	8	7
9	3	5	7	1	8	2	6	4
1	2	8	3	5	9	7	4	6
4	6	9	1	8	7	3	2	5
7	5	3	2	6	4	9	1	8
8	7	2	6	9	3	4	5	1
5	9	6	4	2	1	8	7	3
3	4	1	8	7	5	6	9	2

Answer **078**

2	1	5	9	8	3	7	6	4
8	3	4	1	7	6	5	2	9
7	6	9	2	4	5	3	8	1
4	2	8	3	9	1	6	5	7
6	5	1	7	2	8	9	4	3
9	7	3	6	5	4	8	1	2
1	4	7	5	6	9	2	3	8
5	8	2	4	3	7	1	9	6
3	9	6	8	1	2	4	7	5

Answer **079**

4	3	5	1	6	8	7	2	9
1	7	2	5	4	9	6	8	3
9	8	6	3	7	2	5	1	4
5	2	4	6	1	3	8	9	7
6	1	8	9	2	7	3	4	5
3	9	7	8	5	4	1	6	2
2	4	3	7	8	1	9	5	6
8	6	9	4	3	5	2	7	1
7	5	1	2	9	6	4	3	8

Answer **080**

8	2	7	1	4	9	6	3	5
3	4	5	6	8	7	2	9	1
1	9	6	3	2	5	4	8	7
2	6	1	9	3	4	7	5	8
9	5	8	7	1	6	3	4	2
7	3	4	2	5	8	1	6	9
5	1	2	4	9	3	8	7	6
6	8	3	5	7	2	9	1	4
4	7	9	8	6	1	5	2	3

Answer **081**

1	7	5	8	2	3	6	9	4
4	6	8	7	1	9	5	2	3
9	3	2	4	6	5	1	7	8
2	9	3	6	5	1	8	4	7
5	4	6	3	8	7	2	1	9
8	1	7	2	9	4	3	6	5
3	8	4	1	7	6	9	5	2
7	5	1	9	3	2	4	8	6
6	2	9	5	4	8	7	3	1

Answer **082**

7	3	6	5	9	8	1	4	2
9	1	5	4	2	6	3	7	8
4	2	8	1	7	3	5	6	9
8	4	1	2	5	7	6	9	3
3	9	2	8	6	1	4	5	7
6	5	7	3	4	9	8	2	1
5	6	3	9	1	2	7	8	4
1	7	9	6	8	4	2	3	5
2	8	4	7	3	5	9	1	6

Answer **083**

5	1	3	9	8	4	2	6	7
6	9	7	1	2	5	8	4	3
2	4	8	7	3	6	1	9	5
4	5	2	8	9	1	7	3	6
7	3	9	4	6	2	5	8	1
1	8	6	3	5	7	4	2	9
3	7	5	2	4	9	6	1	8
9	2	1	6	7	8	3	5	4
8	6	4	5	1	3	9	7	2

Answer **084**

9	3	7	6	2	1	8	5	4
6	2	8	5	4	9	3	1	7
4	5	1	8	7	3	9	2	6
7	4	3	2	1	8	6	9	5
8	6	2	9	5	7	1	4	3
5	1	9	3	6	4	7	8	2
2	8	5	1	3	6	4	7	9
1	7	6	4	9	2	5	3	8
3	9	4	7	8	5	2	6	1

Answer 085

7	2	6	4	5	1	3	9	8
1	3	8	9	7	2	5	4	6
9	4	5	3	8	6	2	7	1
3	5	7	6	4	8	9	1	2
2	9	1	7	3	5	8	6	4
8	6	4	1	2	9	7	3	5
5	7	9	8	6	4	1	2	3
4	8	3	2	1	7	6	5	9
6	1	2	5	9	3	4	8	7

Answer 086

8	7	5	3	9	6	4	2	1
1	3	4	7	2	8	9	6	5
2	6	9	1	5	4	3	8	7
3	1	2	9	8	7	6	5	4
5	9	6	2	4	1	8	7	3
7	4	8	5	6	3	2	1	9
6	5	3	8	1	9	7	4	2
4	2	7	6	3	5	1	9	8
9	8	1	4	7	2	5	3	6

Answer 087

3	2	1	5	8	4	9	6	7
5	8	9	7	2	6	3	4	1
4	7	6	1	3	9	2	8	5
7	5	2	4	1	8	6	9	3
6	4	8	9	7	3	5	1	2
9	1	3	6	5	2	4	7	8
2	6	7	3	4	1	8	5	9
8	9	5	2	6	7	1	3	4
1	3	4	8	9	5	7	2	6

Answer 088

3	7	1	5	4	2	8	6	9
8	6	2	9	7	1	4	5	3
5	4	9	3	8	6	7	2	1
9	3	5	6	1	4	2	7	8
6	1	8	2	5	7	3	9	4
4	2	7	8	3	9	5	1	6
2	8	6	4	9	5	1	3	7
1	5	4	7	6	3	9	8	2
7	9	3	1	2	8	6	4	5

Answer 089

1	7	8	5	9	4	3	2	6
9	4	2	1	3	6	7	5	8
5	3	6	2	8	7	4	9	1
3	5	4	8	1	2	9	6	7
7	2	9	4	6	5	1	8	3
6	8	1	9	7	3	5	4	2
4	6	7	3	5	8	2	1	9
2	9	3	6	4	1	8	7	5
8	1	5	7	2	9	6	3	4

Answer 090

6	4	3	2	5	9	8	7	1
7	2	5	4	8	1	3	9	6
9	8	1	6	7	3	5	2	4
1	3	2	9	4	7	6	5	8
4	6	7	8	3	5	2	1	9
5	9	8	1	6	2	7	4	3
3	5	9	7	1	8	4	6	2
2	7	6	3	9	4	1	8	5
8	1	4	5	2	6	9	3	7

Answer **091**

7	4	9	6	8	5	2	3	1
2	6	5	7	1	3	4	9	8
1	3	8	9	4	2	7	6	5
8	7	4	2	6	9	5	1	3
5	2	6	1	3	7	8	4	9
9	1	3	4	5	8	6	2	7
4	8	2	5	9	1	3	7	6
6	5	1	3	7	4	9	8	2
3	9	7	8	2	6	1	5	4

Answer **092**

5	7	9	2	4	1	8	6	3
1	2	3	5	6	8	9	4	7
6	8	4	7	9	3	1	2	5
3	4	8	6	2	9	7	5	1
9	1	5	3	7	4	2	8	6
7	6	2	8	1	5	4	3	9
4	3	6	1	8	7	5	9	2
8	5	1	9	3	2	6	7	4
2	9	7	4	5	6	3	1	8

Answer **093**

9	2	3	6	4	1	8	5	7
1	4	7	5	8	2	6	9	3
5	8	6	3	7	9	2	4	1
3	5	1	9	2	4	7	6	8
4	6	9	7	3	8	5	1	2
8	7	2	1	6	5	4	3	9
6	1	4	2	9	7	3	8	5
7	9	8	4	5	3	1	2	6
2	3	5	8	1	6	9	7	4

Answer **094**

9	3	1	7	8	5	4	6	2
7	4	2	1	6	9	5	3	8
5	6	8	4	2	3	9	7	1
3	2	6	8	5	4	1	9	7
4	5	9	6	7	1	8	2	3
1	8	7	9	3	2	6	5	4
6	1	4	2	9	7	3	8	5
8	7	5	3	4	6	2	1	9
2	9	3	5	1	8	7	4	6

Answer **095**

8	3	7	5	6	4	9	2	1
6	5	2	1	7	9	3	8	4
1	9	4	2	8	3	6	7	5
9	7	6	4	5	8	1	3	2
5	4	1	6	3	2	8	9	7
3	2	8	9	1	7	4	5	6
7	1	9	8	2	6	5	4	3
2	8	5	3	4	1	7	6	9
4	6	3	7	9	5	2	1	8

Answer **096**

2	8	4	3	1	6	5	9	7
1	3	9	2	7	5	8	4	6
7	5	6	9	4	8	2	1	3
6	4	8	7	9	2	1	3	5
9	7	5	1	6	3	4	8	2
3	2	1	5	8	4	7	6	9
4	1	7	6	2	9	3	5	8
8	6	3	4	5	7	9	2	1
5	9	2	8	3	1	6	7	4

Answer **097**

2	4	7	6	3	1	5	8	9
8	6	5	7	9	4	1	2	3
3	1	9	2	8	5	4	7	6
9	8	6	3	5	7	2	1	4
5	2	3	4	1	6	8	9	7
4	7	1	9	2	8	3	6	5
6	9	2	1	4	3	7	5	8
7	5	4	8	6	2	9	3	1
1	3	8	5	7	9	6	4	2

Answer **098**

5	2	9	7	3	8	4	1	6
6	3	4	9	5	1	7	8	2
8	1	7	2	6	4	3	9	5
7	4	2	6	9	3	1	5	8
3	8	6	4	1	5	9	2	7
9	5	1	8	7	2	6	3	4
2	9	5	1	4	6	8	7	3
1	6	8	3	2	7	5	4	9
4	7	3	5	8	9	2	6	1

Answer **099**

7	4	5	3	9	2	6	8	1
6	1	3	8	7	4	9	5	2
2	8	9	1	5	6	7	3	4
8	6	2	9	1	5	4	7	3
3	7	1	2	4	8	5	6	9
9	5	4	7	6	3	1	2	8
5	9	8	6	3	1	2	4	7
1	2	6	4	8	7	3	9	5
4	3	7	5	2	9	8	1	6

Answer **100**

2	9	3	6	5	7	1	8	4
7	4	6	1	8	2	9	3	5
5	1	8	9	3	4	7	2	6
9	7	5	4	1	3	2	6	8
3	8	1	5	2	6	4	9	7
6	2	4	8	7	9	3	5	1
8	5	7	3	9	1	6	4	2
1	6	9	2	4	5	8	7	3
4	3	2	7	6	8	5	1	9

Answer **101**

3	9	6	4	1	8	5	7	2
5	7	4	3	6	2	8	1	9
1	2	8	7	9	5	6	3	4
8	5	2	9	7	6	1	4	3
6	1	3	8	2	4	7	9	5
9	4	7	5	3	1	2	6	8
2	3	9	6	5	7	4	8	1
7	8	1	2	4	3	9	5	6
4	6	5	1	8	9	3	2	7

Answer **102**

9	7	5	8	1	6	2	3	4
6	4	8	3	2	5	1	9	7
2	3	1	4	9	7	8	6	5
7	5	9	1	8	3	6	4	2
4	2	3	7	6	9	5	1	8
1	8	6	2	5	4	3	7	9
3	1	4	5	7	8	9	2	6
5	9	2	6	4	1	7	8	3
8	6	7	9	3	2	4	5	1

Answer **103**

7	3	1	9	4	8	5	6	2
9	5	8	6	7	2	3	4	1
4	6	2	5	3	1	9	8	7
2	7	5	4	1	9	8	3	6
1	9	3	7	8	6	4	2	5
8	4	6	3	2	5	1	7	9
3	2	9	1	6	4	7	5	8
5	8	4	2	9	7	6	1	3
6	1	7	8	5	3	2	9	4

Answer **104**

5	2	6	4	7	1	3	9	8
7	3	4	8	9	2	1	6	5
9	1	8	5	6	3	7	4	2
3	7	9	6	2	8	4	5	1
1	8	5	3	4	9	2	7	6
4	6	2	1	5	7	8	3	9
2	4	3	9	1	5	6	8	7
8	5	7	2	3	6	9	1	4
6	9	1	7	8	4	5	2	3

Answer **105**

5	3	2	6	8	9	7	1	4
7	8	6	5	4	1	2	9	3
9	1	4	7	2	3	5	8	6
6	9	5	3	1	2	8	4	7
8	2	1	4	6	7	3	5	9
4	7	3	9	5	8	1	6	2
2	5	7	8	9	6	4	3	1
1	4	9	2	3	5	6	7	8
3	6	8	1	7	4	9	2	5

Answer **106**

1	7	4	3	5	2	8	9	6
9	6	3	7	8	1	2	5	4
2	8	5	4	6	9	7	1	3
5	4	6	8	7	3	1	2	9
3	2	7	1	9	6	5	4	8
8	1	9	5	2	4	3	6	7
6	5	2	9	3	8	4	7	1
7	3	1	6	4	5	9	8	2
4	9	8	2	1	7	6	3	5

Answer **107**

3	9	6	2	7	4	5	8	1
7	5	4	1	3	8	6	2	9
2	1	8	6	5	9	7	3	4
1	7	5	4	9	3	2	6	8
9	4	3	8	6	2	1	7	5
8	6	2	5	1	7	9	4	3
4	3	7	9	2	1	8	5	6
6	8	9	7	4	5	3	1	2
5	2	1	3	8	6	4	9	7

Answer **108**

4	3	6	8	7	1	2	5	9
5	8	9	3	2	6	4	1	7
2	1	7	9	5	4	3	6	8
9	6	2	4	3	8	1	7	5
7	5	3	1	6	2	9	8	4
8	4	1	5	9	7	6	3	2
6	2	5	7	4	3	8	9	1
3	7	8	2	1	9	5	4	6
1	9	4	6	8	5	7	2	3

Answer **109**

8	4	9	2	3	1	5	6	7
5	1	2	9	7	6	8	4	3
7	6	3	5	4	8	9	1	2
9	2	8	3	5	4	6	7	1
1	5	6	7	8	2	4	3	9
3	7	4	1	6	9	2	5	8
6	3	7	8	9	5	1	2	4
4	8	1	6	2	3	7	9	5
2	9	5	4	1	7	3	8	6

Answer **110**

9	2	1	8	4	5	7	6	3
7	8	4	6	1	3	5	2	9
6	5	3	9	7	2	1	4	8
8	1	7	2	5	6	9	3	4
5	3	6	4	8	9	2	1	7
2	4	9	1	3	7	6	8	5
4	9	8	5	6	1	3	7	2
1	7	2	3	9	8	4	5	6
3	6	5	7	2	4	8	9	1

Answer **111**

4	6	8	5	2	7	9	3	1
9	3	5	8	4	1	2	6	7
7	1	2	3	9	6	4	5	8
6	2	3	4	1	8	5	7	9
8	9	1	7	3	5	6	2	4
5	7	4	2	6	9	8	1	3
2	5	7	9	8	3	1	4	6
3	8	6	1	5	4	7	9	2
1	4	9	6	7	2	3	8	5

Answer **112**

7	2	1	6	5	3	8	9	4
4	3	8	9	1	7	2	5	6
5	6	9	2	8	4	7	1	3
9	5	3	4	2	6	1	7	8
1	4	7	8	3	5	6	2	9
2	8	6	1	7	9	4	3	5
8	9	2	5	4	1	3	6	7
3	1	5	7	6	8	9	4	2
6	7	4	3	9	2	5	8	1

Answer **113**

8	9	6	2	3	1	5	4	7
1	3	5	7	4	8	2	9	6
7	4	2	9	6	5	8	3	1
5	1	4	8	9	7	6	2	3
6	2	9	4	1	3	7	5	8
3	8	7	5	2	6	9	1	4
4	5	8	1	7	9	3	6	2
2	7	3	6	5	4	1	8	9
9	6	1	3	8	2	4	7	5

Answer **114**

4	5	1	8	3	6	7	9	2
7	6	9	5	4	2	1	8	3
2	3	8	7	1	9	6	4	5
6	1	7	3	2	4	9	5	8
5	8	4	1	9	7	3	2	6
3	9	2	6	5	8	4	7	1
9	4	6	2	8	1	5	3	7
1	2	5	4	7	3	8	6	9
8	7	3	9	6	5	2	1	4

Answer **115**

7	5	8	3	9	2	1	6	4
9	1	6	5	7	4	2	3	8
2	4	3	1	8	6	9	7	5
3	2	4	9	1	7	8	5	6
8	7	1	6	2	5	3	4	9
6	9	5	4	3	8	7	1	2
5	3	7	2	6	9	4	8	1
1	6	9	8	4	3	5	2	7
4	8	2	7	5	1	6	9	3

Answer **116**

5	8	7	9	1	2	4	6	3
3	6	9	8	4	7	5	2	1
4	2	1	5	6	3	8	9	7
1	7	2	6	8	5	3	4	9
6	5	4	3	7	9	1	8	2
8	9	3	4	2	1	7	5	6
7	1	6	2	5	4	9	3	8
2	3	5	7	9	8	6	1	4
9	4	8	1	3	6	2	7	5

Answer **117**

7	6	2	5	1	9	8	3	4
8	1	3	2	7	4	9	6	5
4	5	9	3	6	8	7	1	2
9	4	5	6	2	3	1	7	8
3	8	1	9	5	7	2	4	6
2	7	6	4	8	1	5	9	3
5	3	4	7	9	2	6	8	1
1	2	7	8	3	6	4	5	9
6	9	8	1	4	5	3	2	7

Answer **118**

1	8	3	9	5	4	2	6	7
4	5	6	2	8	7	1	3	9
7	2	9	6	1	3	5	8	4
3	6	5	8	4	9	7	1	2
8	1	7	3	2	5	9	4	6
2	9	4	7	6	1	8	5	3
9	4	8	1	7	6	3	2	5
6	7	1	5	3	2	4	9	8
5	3	2	4	9	8	6	7	1

Answer **119**

7	9	6	4	1	2	3	5	8
1	8	4	5	9	3	2	7	6
5	2	3	6	8	7	9	1	4
8	1	5	9	4	6	7	3	2
2	6	7	3	5	8	4	9	1
4	3	9	7	2	1	6	8	5
9	5	1	2	7	4	8	6	3
3	4	8	1	6	9	5	2	7
6	7	2	8	3	5	1	4	9

Answer **120**

9	2	6	8	1	3	7	5	4
7	3	8	5	4	6	9	1	2
5	1	4	9	2	7	6	8	3
8	7	1	6	9	2	4	3	5
2	9	3	4	5	8	1	7	6
4	6	5	3	7	1	2	9	8
3	8	7	2	6	9	5	4	1
1	4	2	7	3	5	8	6	9
6	5	9	1	8	4	3	2	7

Answer **121**

4	2	5	1	8	3	6	7	9
8	3	7	9	2	6	4	1	5
9	1	6	4	7	5	3	2	8
5	4	1	7	9	2	8	6	3
7	9	3	6	5	8	1	4	2
6	8	2	3	1	4	5	9	7
3	7	4	5	6	9	2	8	1
2	6	9	8	3	1	7	5	4
1	5	8	2	4	7	9	3	6

Answer **122**

5	6	4	8	3	7	1	2	9
7	1	8	9	2	5	6	3	4
9	3	2	4	6	1	8	7	5
1	5	7	2	8	9	4	6	3
2	4	6	1	7	3	5	9	8
8	9	3	5	4	6	7	1	2
6	8	1	3	9	4	2	5	7
3	2	5	7	1	8	9	4	6
4	7	9	6	5	2	3	8	1

Answer **123**

7	5	8	1	6	2	3	4	9
2	9	1	5	3	4	8	6	7
3	6	4	7	9	8	2	5	1
4	3	6	8	7	1	5	9	2
8	7	5	9	2	3	6	1	4
1	2	9	6	4	5	7	8	3
6	1	7	2	8	9	4	3	5
5	8	3	4	1	7	9	2	6
9	4	2	3	5	6	1	7	8

Answer **124**

3	9	4	7	1	2	8	6	5
2	7	5	8	9	6	4	1	3
1	6	8	3	5	4	7	2	9
6	5	9	1	3	8	2	4	7
7	2	1	4	6	9	3	5	8
4	8	3	2	7	5	6	9	1
8	3	6	5	4	1	9	7	2
5	4	7	9	2	3	1	8	6
9	1	2	6	8	7	5	3	4

Answer **125**

5	3	2	9	1	8	4	6	7
4	7	1	2	6	3	8	9	5
8	9	6	4	7	5	1	2	3
9	1	4	3	8	2	5	7	6
2	8	5	7	9	6	3	4	1
7	6	3	1	5	4	2	8	9
6	4	7	8	3	1	9	5	2
1	5	8	6	2	9	7	3	4
3	2	9	5	4	7	6	1	8

Answer **126**

2	6	5	3	8	1	4	9	7
9	1	3	4	6	7	2	8	5
4	7	8	2	5	9	6	3	1
3	4	9	5	1	8	7	2	6
1	2	7	9	3	6	5	4	8
5	8	6	7	4	2	9	1	3
7	5	1	8	2	4	3	6	9
6	9	2	1	7	3	8	5	4
8	3	4	6	9	5	1	7	2

Answer **127**

5	1	2	4	6	9	7	8	3
7	8	6	1	3	2	9	5	4
4	3	9	7	5	8	1	6	2
3	4	5	9	8	6	2	7	1
9	2	7	5	1	3	8	4	6
8	6	1	2	4	7	5	3	9
6	5	3	8	2	1	4	9	7
2	9	8	6	7	4	3	1	5
1	7	4	3	9	5	6	2	8

Answer **128**

5	3	6	2	4	7	1	8	9
1	4	7	5	8	9	6	3	2
2	9	8	6	3	1	5	7	4
4	2	1	8	7	5	3	9	6
9	8	3	1	6	4	2	5	7
6	7	5	9	2	3	4	1	8
8	5	2	7	1	6	9	4	3
7	1	4	3	9	2	8	6	5
3	6	9	4	5	8	7	2	1

Answer **129**

7	2	3	5	6	4	8	1	9
5	4	8	1	3	9	7	2	6
6	9	1	2	8	7	4	3	5
1	8	6	7	2	5	9	4	3
9	7	5	6	4	3	2	8	1
2	3	4	8	9	1	5	6	7
8	1	9	4	7	6	3	5	2
4	6	7	3	5	2	1	9	8
3	5	2	9	1	8	6	7	4

Answer **130**

3	5	4	2	7	1	8	9	6
9	7	2	4	6	8	3	1	5
1	6	8	3	9	5	7	2	4
5	8	9	6	2	4	1	7	3
4	1	3	5	8	7	9	6	2
6	2	7	1	3	9	4	5	8
7	9	5	8	4	2	6	3	1
8	3	1	7	5	6	2	4	9
2	4	6	9	1	3	5	8	7

Answer **131**

7	1	9	6	2	5	4	8	3
2	3	5	4	9	8	6	7	1
8	6	4	3	7	1	9	5	2
1	4	7	2	5	9	3	6	8
3	2	6	8	4	7	1	9	5
5	9	8	1	6	3	7	2	4
9	7	3	5	1	2	8	4	6
6	8	2	7	3	4	5	1	9
4	5	1	9	8	6	2	3	7

Answer **132**

8	1	4	6	2	5	3	7	9
6	5	2	9	3	7	4	1	8
9	3	7	8	4	1	2	6	5
1	9	3	5	8	2	6	4	7
5	2	6	1	7	4	9	8	3
7	4	8	3	9	6	5	2	1
4	8	5	2	1	9	7	3	6
2	6	1	7	5	3	8	9	4
3	7	9	4	6	8	1	5	2

Answer **133**

4	2	9	8	3	1	5	6	7
5	7	1	9	6	2	3	8	4
3	8	6	5	4	7	1	9	2
2	1	3	4	5	8	6	7	9
8	6	5	7	1	9	4	2	3
7	9	4	3	2	6	8	1	5
6	3	2	1	7	5	9	4	8
1	4	8	2	9	3	7	5	6
9	5	7	6	8	4	2	3	1

Answer **134**

9	7	1	6	2	4	3	8	5
4	2	6	8	3	5	1	7	9
5	3	8	9	7	1	6	4	2
2	9	4	5	6	7	8	3	1
8	6	7	3	1	9	5	2	4
3	1	5	2	4	8	9	6	7
7	4	3	1	5	6	2	9	8
1	8	2	4	9	3	7	5	6
6	5	9	7	8	2	4	1	3

Answer **135**

6	9	4	8	7	3	5	1	2
5	7	3	2	9	1	4	6	8
2	8	1	6	4	5	7	3	9
4	2	9	7	1	6	3	8	5
8	1	5	4	3	2	6	9	7
7	3	6	5	8	9	2	4	1
1	4	8	3	2	7	9	5	6
3	5	7	9	6	8	1	2	4
9	6	2	1	5	4	8	7	3

Answer **136**

1	8	7	4	9	6	2	3	5
6	5	9	3	2	8	4	1	7
2	3	4	1	7	5	8	9	6
3	9	6	5	1	4	7	2	8
7	1	5	2	8	3	6	4	9
4	2	8	9	6	7	1	5	3
5	6	2	7	3	1	9	8	4
8	4	1	6	5	9	3	7	2
9	7	3	8	4	2	5	6	1

Answer **137**

1	5	3	8	6	7	2	9	4
4	6	8	3	9	2	7	1	5
7	2	9	4	5	1	6	3	8
9	7	2	6	8	5	1	4	3
5	3	1	9	2	4	8	7	6
6	8	4	1	7	3	5	2	9
2	4	5	7	3	6	9	8	1
3	9	6	2	1	8	4	5	7
8	1	7	5	4	9	3	6	2

Answer **138**

3	9	1	4	8	5	7	2	6
5	7	2	1	3	6	4	8	9
6	8	4	2	7	9	5	1	3
8	6	7	5	4	2	9	3	1
2	1	3	9	6	7	8	4	5
9	4	5	8	1	3	6	7	2
1	5	9	7	2	4	3	6	8
4	2	6	3	5	8	1	9	7
7	3	8	6	9	1	2	5	4

Answer **139**

9	4	7	3	6	5	1	8	2
1	8	5	4	7	2	6	9	3
3	2	6	9	8	1	7	5	4
5	3	4	6	2	8	9	7	1
6	7	8	1	4	9	2	3	5
2	1	9	7	5	3	4	6	8
4	9	3	5	1	6	8	2	7
8	6	1	2	3	7	5	4	9
7	5	2	8	9	4	3	1	6

Answer **140**

8	7	1	5	6	9	3	2	4
3	2	5	8	4	7	1	9	6
4	9	6	1	3	2	7	5	8
9	8	2	3	5	1	6	4	7
1	5	4	6	7	8	2	3	9
7	6	3	2	9	4	5	8	1
5	3	9	4	1	6	8	7	2
6	4	8	7	2	5	9	1	3
2	1	7	9	8	3	4	6	5

Answer **141**

5	9	7	4	1	6	2	8	3
1	2	3	7	8	9	6	5	4
8	6	4	5	3	2	9	7	1
7	1	8	9	5	4	3	6	2
6	4	5	2	7	3	1	9	8
2	3	9	1	6	8	7	4	5
4	7	1	6	2	5	8	3	9
3	5	6	8	9	1	4	2	7
9	8	2	3	4	7	5	1	6

Answer **142**

7	4	5	6	1	3	8	2	9
6	3	1	2	9	8	4	7	5
8	9	2	7	4	5	1	3	6
9	7	6	1	8	4	2	5	3
1	5	4	3	7	2	9	6	8
3	2	8	9	5	6	7	4	1
5	1	7	4	3	9	6	8	2
2	8	9	5	6	7	3	1	4
4	6	3	8	2	1	5	9	7

Answer **143**

1	5	8	9	6	3	2	4	7
6	2	9	7	8	4	3	5	1
4	7	3	2	5	1	6	8	9
2	4	1	3	9	6	5	7	8
3	9	7	8	2	5	4	1	6
5	8	6	4	1	7	9	2	3
7	1	2	6	4	9	8	3	5
8	6	5	1	3	2	7	9	4
9	3	4	5	7	8	1	6	2

Answer **144**

1	5	6	8	3	7	2	9	4
8	2	3	1	4	9	6	5	7
9	4	7	2	6	5	1	3	8
5	7	4	6	2	3	8	1	9
3	6	9	7	8	1	4	2	5
2	1	8	9	5	4	7	6	3
4	8	5	3	1	2	9	7	6
6	9	2	5	7	8	3	4	1
7	3	1	4	9	6	5	8	2

Answer **145**

7	5	4	2	8	6	9	3	1
3	8	6	1	7	9	5	2	4
9	2	1	4	3	5	7	8	6
1	3	2	5	4	7	6	9	8
8	4	7	6	9	1	2	5	3
5	6	9	3	2	8	4	1	7
6	9	8	7	5	3	1	4	2
4	1	5	8	6	2	3	7	9
2	7	3	9	1	4	8	6	5

Answer **146**

5	7	6	1	4	8	9	3	2
8	4	9	5	3	2	7	6	1
3	2	1	7	9	6	5	4	8
2	3	8	6	7	4	1	5	9
7	9	4	2	5	1	3	8	6
6	1	5	3	8	9	2	7	4
1	6	3	4	2	5	8	9	7
4	8	7	9	1	3	6	2	5
9	5	2	8	6	7	4	1	3

Answer **147**

7	2	6	1	3	5	8	9	4
1	4	8	7	9	2	3	6	5
9	5	3	6	4	8	1	2	7
3	9	2	5	1	4	7	8	6
5	1	7	9	8	6	2	4	3
8	6	4	3	2	7	9	5	1
2	8	1	4	5	3	6	7	9
4	7	9	2	6	1	5	3	8
6	3	5	8	7	9	4	1	2

Answer **148**

9	6	4	5	2	7	3	8	1
8	5	1	4	3	9	7	2	6
7	2	3	8	1	6	9	5	4
4	7	6	3	8	2	5	1	9
3	1	8	6	9	5	2	4	7
5	9	2	7	4	1	8	6	3
6	3	9	2	5	4	1	7	8
2	8	7	1	6	3	4	9	5
1	4	5	9	7	8	6	3	2

Answer **149**

5	3	9	6	8	7	2	4	1
6	4	8	2	1	9	5	3	7
2	7	1	3	5	4	6	8	9
1	2	6	9	7	3	8	5	4
7	5	3	4	6	8	1	9	2
8	9	4	5	2	1	7	6	3
9	1	5	8	4	2	3	7	6
4	6	2	7	3	5	9	1	8
3	8	7	1	9	6	4	2	5

Answer **150**

5	3	4	7	6	8	1	2	9
6	8	1	5	2	9	7	3	4
9	7	2	3	1	4	6	8	5
8	2	9	6	4	5	3	7	1
1	6	3	9	7	2	4	5	8
7	4	5	8	3	1	9	6	2
2	1	7	4	8	3	5	9	6
3	9	8	1	5	6	2	4	7
4	5	6	2	9	7	8	1	3

Answer 151

2	6	4	1	9	3	7	8	5
9	1	7	4	8	5	6	2	3
8	3	5	2	7	6	1	4	9
6	9	1	8	5	4	2	3	7
3	5	2	7	6	1	8	9	4
4	7	8	9	3	2	5	1	6
1	8	3	5	4	7	9	6	2
5	4	9	6	2	8	3	7	1
7	2	6	3	1	9	4	5	8

Answer 152

7	2	6	8	3	4	9	1	5
9	8	3	7	5	1	6	2	4
4	1	5	9	2	6	8	7	3
1	6	9	3	4	7	5	8	2
2	4	7	5	8	9	3	6	1
3	5	8	1	6	2	7	4	9
5	3	2	6	1	8	4	9	7
8	9	4	2	7	3	1	5	6
6	7	1	4	9	5	2	3	8

Answer 153

5	7	9	1	2	8	6	4	3
3	2	4	7	6	9	5	8	1
1	8	6	5	3	4	2	9	7
2	1	8	6	5	3	4	7	9
6	4	5	9	7	1	3	2	8
9	3	7	8	4	2	1	5	6
7	5	2	3	8	6	9	1	4
8	9	3	4	1	5	7	6	2
4	6	1	2	9	7	8	3	5

Answer 154

4	9	2	1	5	8	3	6	7
3	1	8	2	7	6	5	4	9
5	6	7	9	3	4	2	1	8
2	3	6	7	1	9	4	8	5
7	8	1	4	2	5	6	9	3
9	4	5	8	6	3	1	7	2
1	5	3	6	9	7	8	2	4
8	2	9	3	4	1	7	5	6
6	7	4	5	8	2	9	3	1

Answer 155

8	9	4	2	7	1	6	5	3
1	6	7	5	3	8	9	4	2
5	3	2	6	9	4	7	8	1
9	1	6	8	2	3	5	7	4
3	7	8	9	4	5	1	2	6
2	4	5	7	1	6	3	9	8
6	2	1	4	5	9	8	3	7
4	8	9	3	6	7	2	1	5
7	5	3	1	8	2	4	6	9

Answer 156

5	3	4	1	7	8	6	2	9
7	9	6	2	5	3	1	4	8
8	2	1	6	9	4	7	5	3
4	1	5	9	3	2	8	7	6
6	8	3	7	4	1	2	9	5
2	7	9	5	8	6	3	1	4
9	6	7	3	1	5	4	8	2
1	4	2	8	6	9	5	3	7
3	5	8	4	2	7	9	6	1

Answer **001**

4	9	3	6	8	7	1	2	5
7	1	2	3	9	5	4	6	8
8	5	6	2	4	1	9	7	3
6	2	9	7	3	8	5	1	4
5	8	7	9	1	4	2	3	6
3	4	1	5	6	2	7	8	9
1	6	4	8	2	9	3	5	7
9	3	5	1	7	6	8	4	2
2	7	8	4	5	3	6	9	1

Answer **002**

6	5	8	9	7	1	4	2	3
2	7	3	4	5	6	9	1	8
9	1	4	2	8	3	6	5	7
4	6	1	8	9	5	3	7	2
3	8	5	7	6	2	1	4	9
7	2	9	3	1	4	8	6	5
8	4	6	5	3	7	2	9	1
1	9	7	6	2	8	5	3	4
5	3	2	1	4	9	7	8	6

Answer **003**

2	5	1	9	7	3	6	8	4
3	8	6	5	4	2	1	7	9
9	7	4	8	6	1	2	5	3
1	3	9	4	5	8	7	2	6
7	4	5	1	2	6	3	9	8
8	6	2	3	9	7	4	1	5
4	2	7	6	8	9	5	3	1
6	9	3	7	1	5	8	4	2
5	1	8	2	3	4	9	6	7

Answer **004**

5	3	2	6	1	9	4	8	7
6	7	9	5	8	4	1	3	2
1	4	8	2	3	7	5	9	6
3	1	5	7	4	6	9	2	8
9	6	4	8	2	1	7	5	3
8	2	7	9	5	3	6	4	1
2	5	6	4	7	8	3	1	9
7	8	3	1	9	5	2	6	4
4	9	1	3	6	2	8	7	5

Answer **005**

6	4	7	2	1	9	5	8	3
9	8	2	6	5	3	1	7	4
5	3	1	7	8	4	6	2	9
2	5	6	3	7	8	9	4	1
3	7	8	4	9	1	2	5	6
4	1	9	5	2	6	8	3	7
1	9	5	8	3	7	4	6	2
7	2	4	1	6	5	3	9	8
8	6	3	9	4	2	7	1	5

Answer **006**

7	9	5	1	8	4	2	6	3
2	4	6	3	7	5	8	1	9
3	8	1	9	6	2	4	7	5
4	1	9	7	3	6	5	8	2
6	2	3	5	4	8	1	9	7
5	7	8	2	1	9	6	3	4
1	5	4	6	9	7	3	2	8
9	3	2	8	5	1	7	4	6
8	6	7	4	2	3	9	5	1

Answer 007

2	5	1	7	8	3	6	9	4
4	8	7	2	6	9	3	5	1
3	9	6	5	4	1	8	7	2
8	4	9	3	5	2	1	6	7
7	3	5	6	1	8	2	4	9
6	1	2	4	9	7	5	3	8
9	7	3	1	2	6	4	8	5
5	2	8	9	3	4	7	1	6
1	6	4	8	7	5	9	2	3

Answer 008

8	9	6	5	1	2	7	3	4
4	7	1	3	9	8	6	2	5
3	5	2	4	6	7	9	1	8
6	8	7	9	4	1	3	5	2
9	3	5	8	2	6	4	7	1
2	1	4	7	5	3	8	9	6
5	4	8	2	3	9	1	6	7
7	6	3	1	8	5	2	4	9
1	2	9	6	7	4	5	8	3

Answer 009

5	3	1	8	4	9	2	7	6
8	2	4	7	6	5	3	1	9
9	7	6	3	2	1	5	8	4
6	9	2	1	7	3	8	4	5
4	5	3	2	8	6	1	9	7
1	8	7	5	9	4	6	2	3
7	4	5	6	1	2	9	3	8
3	1	9	4	5	8	7	6	2
2	6	8	9	3	7	4	5	1

Answer 010

1	3	5	6	4	7	8	9	2
9	4	2	8	3	5	7	6	1
8	7	6	2	1	9	5	4	3
5	9	7	1	2	6	4	3	8
2	1	8	3	7	4	6	5	9
4	6	3	9	5	8	1	2	7
3	5	9	4	8	1	2	7	6
7	2	1	5	6	3	9	8	4
6	8	4	7	9	2	3	1	5

Answer 011

3	2	1	4	6	8	9	7	5
6	9	5	1	3	7	8	4	2
7	4	8	9	2	5	6	3	1
4	6	3	2	7	9	1	5	8
8	7	9	5	1	4	3	2	6
1	5	2	3	8	6	7	9	4
9	1	7	6	5	2	4	8	3
5	8	6	7	4	3	2	1	9
2	3	4	8	9	1	5	6	7

Answer 012

3	1	4	2	7	5	9	6	8
2	8	9	4	6	3	7	5	1
7	6	5	8	9	1	2	4	3
4	7	6	9	2	8	1	3	5
1	3	8	5	4	7	6	2	9
9	5	2	1	3	6	4	8	7
8	9	7	6	5	4	3	1	2
5	4	3	7	1	2	8	9	6
6	2	1	3	8	9	5	7	4

Answer **013**

5	2	6	3	4	9	8	7	1
8	3	1	7	6	2	5	4	9
7	9	4	8	5	1	2	6	3
9	5	3	4	2	7	1	8	6
1	8	2	5	3	6	7	9	4
4	6	7	9	1	8	3	5	2
6	1	8	2	9	5	4	3	7
3	7	9	1	8	4	6	2	5
2	4	5	6	7	3	9	1	8

Answer **014**

8	7	3	1	5	4	2	6	9
2	4	1	6	8	9	7	3	5
6	5	9	3	2	7	1	4	8
4	1	8	9	6	2	5	7	3
5	2	6	8	7	3	9	1	4
3	9	7	5	4	1	8	2	6
1	3	4	2	9	5	6	8	7
7	6	5	4	1	8	3	9	2
9	8	2	7	3	6	4	5	1

Answer **015**

7	2	9	3	4	1	8	5	6
5	4	8	6	2	9	3	1	7
3	1	6	7	8	5	4	2	9
8	9	1	5	6	4	2	7	3
2	5	7	1	9	3	6	8	4
6	3	4	8	7	2	1	9	5
4	7	2	9	1	6	5	3	8
1	8	5	4	3	7	9	6	2
9	6	3	2	5	8	7	4	1

Answer **016**

5	6	4	2	3	9	7	1	8
2	3	1	8	6	7	5	4	9
8	7	9	1	5	4	3	6	2
7	4	5	3	2	1	8	9	6
3	2	8	5	9	6	4	7	1
1	9	6	7	4	8	2	5	3
4	1	7	6	8	3	9	2	5
9	5	3	4	1	2	6	8	7
6	8	2	9	7	5	1	3	4

Answer **017**

9	4	7	6	8	1	5	3	2
6	8	2	3	5	7	1	4	9
1	3	5	4	2	9	8	7	6
8	6	4	2	7	5	9	1	3
5	7	9	1	4	3	2	6	8
3	2	1	9	6	8	4	5	7
4	1	8	7	9	6	3	2	5
7	9	3	5	1	2	6	8	4
2	5	6	8	3	4	7	9	1

Answer **018**

4	5	1	7	6	9	2	8	3
3	7	2	5	8	1	9	6	4
6	9	8	3	2	4	1	7	5
7	2	4	6	9	5	8	3	1
9	6	5	8	1	3	7	4	2
8	1	3	4	7	2	5	9	6
5	8	6	1	3	7	4	2	9
1	3	9	2	4	8	6	5	7
2	4	7	9	5	6	3	1	8

Answer 019

2	5	4	1	9	3	6	8	7
1	9	7	2	6	8	5	3	4
8	6	3	5	4	7	1	2	9
5	7	1	3	2	6	9	4	8
4	3	6	9	8	5	2	7	1
9	2	8	4	7	1	3	6	5
3	8	2	7	5	9	4	1	6
7	4	9	6	1	2	8	5	3
6	1	5	8	3	4	7	9	2

Answer 020

8	6	5	3	7	4	1	2	9
2	9	4	6	8	1	7	3	5
1	7	3	9	2	5	8	6	4
7	1	9	4	3	2	5	8	6
4	8	2	1	5	6	3	9	7
5	3	6	8	9	7	2	4	1
9	2	7	5	6	8	4	1	3
6	5	1	2	4	3	9	7	8
3	4	8	7	1	9	6	5	2

Answer 021

3	2	7	8	9	1	5	6	4
8	6	9	4	5	7	1	3	2
4	5	1	3	6	2	8	9	7
1	9	4	5	8	3	2	7	6
2	8	5	7	4	6	9	1	3
6	7	3	1	2	9	4	8	5
9	4	6	2	7	8	3	5	1
5	3	8	6	1	4	7	2	9
7	1	2	9	3	5	6	4	8

Answer 022

6	3	9	8	7	1	5	2	4
1	2	5	3	6	4	9	7	8
7	4	8	5	2	9	1	6	3
9	1	2	6	3	8	4	5	7
3	8	7	2	4	5	6	1	9
5	6	4	1	9	7	8	3	2
4	7	3	9	1	6	2	8	5
8	9	6	7	5	2	3	4	1
2	5	1	4	8	3	7	9	6

Answer 023

1	5	3	8	7	4	6	9	2
9	7	2	1	3	6	4	8	5
8	6	4	5	9	2	3	7	1
2	9	6	4	1	8	7	5	3
5	1	7	3	2	9	8	6	4
3	4	8	6	5	7	2	1	9
4	3	9	7	8	1	5	2	6
7	2	5	9	6	3	1	4	8
6	8	1	2	4	5	9	3	7

Answer 024

2	4	8	6	7	1	9	3	5
1	9	3	8	2	5	4	7	6
6	5	7	4	3	9	2	8	1
9	1	2	5	8	4	7	6	3
8	3	6	2	1	7	5	9	4
5	7	4	3	9	6	1	2	8
4	2	5	7	6	8	3	1	9
3	6	1	9	5	2	8	4	7
7	8	9	1	4	3	6	5	2

Answer **025**

4	6	7	8	5	3	9	2	1
2	8	3	7	9	1	5	6	4
9	1	5	6	4	2	8	7	3
6	9	8	5	1	4	7	3	2
5	4	1	3	2	7	6	8	9
7	3	2	9	6	8	4	1	5
3	5	9	2	8	6	1	4	7
1	7	6	4	3	9	2	5	8
8	2	4	1	7	5	3	9	6

Answer **026**

9	7	1	5	2	8	6	3	4
5	8	6	9	3	4	2	1	7
2	4	3	7	1	6	8	5	9
6	9	4	2	7	5	3	8	1
1	2	8	6	9	3	4	7	5
3	5	7	4	8	1	9	6	2
7	6	9	3	5	2	1	4	8
8	3	5	1	4	9	7	2	6
4	1	2	8	6	7	5	9	3

Answer **027**

2	9	3	1	8	6	4	7	5
1	5	4	9	7	2	3	6	8
8	7	6	4	3	5	9	1	2
3	2	5	6	4	7	1	8	9
4	6	8	5	1	9	2	3	7
7	1	9	8	2	3	5	4	6
9	4	7	3	5	8	6	2	1
6	3	2	7	9	1	8	5	4
5	8	1	2	6	4	7	9	3

Answer **028**

6	4	2	1	3	5	8	9	7
7	5	1	2	8	9	6	4	3
8	9	3	6	4	7	2	5	1
4	8	7	5	6	1	9	3	2
3	1	9	8	2	4	5	7	6
5	2	6	7	9	3	1	8	4
1	6	4	9	7	8	3	2	5
2	3	8	4	5	6	7	1	9
9	7	5	3	1	2	4	6	8

Answer **029**

9	2	6	7	8	1	4	3	5
4	5	1	3	9	6	2	8	7
3	7	8	5	2	4	6	9	1
5	8	2	6	4	3	7	1	9
7	9	4	2	1	8	3	5	6
1	6	3	9	7	5	8	2	4
2	3	9	4	5	7	1	6	8
6	1	7	8	3	9	5	4	2
8	4	5	1	6	2	9	7	3

Answer **030**

9	8	2	1	5	6	3	7	4
6	5	3	8	7	4	9	2	1
1	7	4	9	2	3	6	8	5
2	9	8	3	4	5	7	1	6
4	3	6	7	8	1	5	9	2
5	1	7	6	9	2	4	3	8
8	2	5	4	3	7	1	6	9
3	6	9	5	1	8	2	4	7
7	4	1	2	6	9	8	5	3

Answer **031**

1	7	9	4	3	6	5	8	2
5	6	8	1	9	2	3	7	4
4	2	3	7	5	8	1	9	6
8	9	4	3	2	5	6	1	7
7	5	1	9	6	4	2	3	8
6	3	2	8	7	1	9	4	5
9	4	6	2	8	3	7	5	1
2	1	7	5	4	9	8	6	3
3	8	5	6	1	7	4	2	9

Answer **032**

3	2	4	9	1	5	8	7	6
5	8	9	6	2	7	1	4	3
1	7	6	3	8	4	5	2	9
6	5	2	8	3	1	4	9	7
4	1	8	2	7	9	3	6	5
9	3	7	4	5	6	2	8	1
8	6	3	5	9	2	7	1	4
2	9	1	7	4	3	6	5	8
7	4	5	1	6	8	9	3	2

Answer **033**

9	8	3	2	1	7	6	4	5
7	6	5	9	8	4	1	2	3
2	4	1	6	5	3	9	8	7
3	7	8	5	4	6	2	9	1
1	2	4	8	7	9	3	5	6
5	9	6	1	3	2	8	7	4
4	1	7	3	2	8	5	6	9
6	5	2	4	9	1	7	3	8
8	3	9	7	6	5	4	1	2

Answer **034**

5	4	1	7	9	6	3	8	2
8	6	2	5	1	3	7	9	4
9	7	3	4	2	8	5	6	1
6	3	7	9	5	1	2	4	8
2	8	4	3	6	7	9	1	5
1	9	5	8	4	2	6	3	7
4	2	9	6	8	5	1	7	3
3	1	6	2	7	4	8	5	9
7	5	8	1	3	9	4	2	6

Answer **035**

8	7	2	3	6	1	5	9	4
3	6	4	5	9	2	1	8	7
9	5	1	8	7	4	2	6	3
1	2	3	9	4	8	6	7	5
7	9	8	6	2	5	3	4	1
5	4	6	7	1	3	8	2	9
4	8	7	1	3	6	9	5	2
6	3	9	2	5	7	4	1	8
2	1	5	4	8	9	7	3	6

Answer **036**

8	5	9	6	2	1	4	3	7
4	2	3	7	9	5	1	6	8
7	1	6	3	4	8	5	2	9
3	7	4	1	5	2	8	9	6
6	8	1	9	3	4	7	5	2
5	9	2	8	6	7	3	4	1
2	6	8	4	7	3	9	1	5
9	3	7	5	1	6	2	8	4
1	4	5	2	8	9	6	7	3

Answer **037**

9	5	1	8	4	2	6	7	3
4	2	3	1	7	6	8	9	5
7	8	6	9	5	3	2	1	4
2	4	7	6	3	1	9	5	8
3	1	9	4	8	5	7	2	6
8	6	5	2	9	7	3	4	1
1	9	4	7	6	8	5	3	2
5	7	8	3	2	4	1	6	9
6	3	2	5	1	9	4	8	7

Answer **038**

8	7	5	4	1	2	6	3	9
2	1	6	3	9	7	5	8	4
3	9	4	8	6	5	7	2	1
4	6	8	5	3	1	9	7	2
1	3	7	2	8	9	4	6	5
5	2	9	7	4	6	3	1	8
9	5	2	1	7	3	8	4	6
7	4	1	6	5	8	2	9	3
6	8	3	9	2	4	1	5	7

Answer **039**

3	1	2	5	7	6	4	9	8
9	7	8	4	3	1	6	5	2
5	6	4	8	9	2	7	1	3
6	4	3	1	8	5	9	2	7
7	2	1	6	4	9	8	3	5
8	9	5	3	2	7	1	4	6
4	5	6	2	1	8	3	7	9
1	8	9	7	5	3	2	6	4
2	3	7	9	6	4	5	8	1

Answer **040**

3	6	4	1	5	7	9	8	2
1	5	2	9	4	8	7	6	3
7	8	9	3	6	2	1	4	5
9	2	5	7	3	4	6	1	8
8	3	1	2	9	6	4	5	7
4	7	6	8	1	5	3	2	9
5	1	7	4	2	3	8	9	6
6	4	3	5	8	9	2	7	1
2	9	8	6	7	1	5	3	4

Answer **041**

5	4	1	9	2	7	8	3	6
2	6	8	3	4	1	5	9	7
7	9	3	8	6	5	4	2	1
4	5	7	1	9	6	3	8	2
6	1	9	2	3	8	7	5	4
3	8	2	5	7	4	6	1	9
9	2	4	6	5	3	1	7	8
1	3	6	7	8	9	2	4	5
8	7	5	4	1	2	9	6	3

Answer **042**

3	4	7	5	2	6	8	9	1
9	1	5	4	3	8	7	2	6
6	2	8	9	7	1	3	4	5
7	3	2	1	8	4	6	5	9
1	6	9	2	5	3	4	8	7
5	8	4	7	6	9	1	3	2
2	9	1	8	4	7	5	6	3
8	5	6	3	1	2	9	7	4
4	7	3	6	9	5	2	1	8

Answer **043**

5	8	7	4	6	3	2	9	1
2	3	9	7	8	1	4	5	6
1	4	6	2	5	9	7	3	8
8	7	1	3	9	2	6	4	5
6	2	3	1	4	5	8	7	9
4	9	5	8	7	6	1	2	3
7	1	4	9	3	8	5	6	2
9	6	8	5	2	7	3	1	4
3	5	2	6	1	4	9	8	7

Answer **044**

4	3	1	8	7	6	9	5	2
9	5	8	1	4	2	6	3	7
6	2	7	3	5	9	1	4	8
1	7	3	9	2	4	8	6	5
2	4	6	7	8	5	3	9	1
8	9	5	6	1	3	7	2	4
7	6	4	5	9	8	2	1	3
5	1	9	2	3	7	4	8	6
3	8	2	4	6	1	5	7	9

Answer **045**

8	6	2	5	1	3	7	9	4
9	5	7	8	6	4	3	2	1
4	1	3	9	7	2	6	5	8
5	7	4	1	8	9	2	3	6
1	9	8	2	3	6	5	4	7
2	3	6	7	4	5	1	8	9
3	4	1	6	5	8	9	7	2
6	8	9	3	2	7	4	1	5
7	2	5	4	9	1	8	6	3

Answer **046**

1	2	5	3	8	4	7	6	9
8	3	6	2	7	9	1	5	4
9	7	4	1	5	6	3	8	2
4	6	3	7	1	5	9	2	8
5	8	7	6	9	2	4	1	3
2	1	9	4	3	8	5	7	6
3	9	1	8	6	7	2	4	5
6	5	2	9	4	1	8	3	7
7	4	8	5	2	3	6	9	1

Answer **047**

5	8	2	7	9	4	6	3	1
7	6	1	2	5	3	8	9	4
3	9	4	8	6	1	7	5	2
9	5	3	1	2	7	4	6	8
1	2	6	9	4	8	3	7	5
4	7	8	6	3	5	1	2	9
6	4	7	5	1	9	2	8	3
8	3	9	4	7	2	5	1	6
2	1	5	3	8	6	9	4	7

Answer **048**

5	1	7	6	9	8	2	4	3
4	6	8	2	7	3	9	1	5
2	3	9	4	5	1	8	7	6
7	5	4	9	1	2	3	6	8
3	9	1	8	6	5	7	2	4
6	8	2	3	4	7	1	5	9
1	4	5	7	3	9	6	8	2
8	7	3	5	2	6	4	9	1
9	2	6	1	8	4	5	3	7

Answer **049**

1	2	7	8	9	6	4	5	3
5	3	6	7	2	4	1	9	8
9	8	4	5	1	3	6	2	7
2	6	5	1	3	9	7	8	4
4	1	9	6	7	8	2	3	5
3	7	8	4	5	2	9	1	6
6	4	1	9	8	5	3	7	2
8	9	3	2	6	7	5	4	1
7	5	2	3	4	1	8	6	9

Answer **050**

1	4	9	2	7	5	8	6	3
8	3	2	6	9	4	7	1	5
5	6	7	3	8	1	9	4	2
3	9	5	7	1	2	6	8	4
6	7	8	9	4	3	2	5	1
4	2	1	5	6	8	3	7	9
7	1	3	4	2	6	5	9	8
2	8	6	1	5	9	4	3	7
9	5	4	8	3	7	1	2	6

Answer **051**

9	4	5	3	6	1	2	8	7
8	2	3	5	7	9	1	4	6
1	6	7	8	2	4	5	3	9
2	9	8	4	5	7	6	1	3
7	1	6	9	3	2	4	5	8
3	5	4	1	8	6	9	7	2
6	7	1	2	4	8	3	9	5
4	3	2	7	9	5	8	6	1
5	8	9	6	1	3	7	2	4

Answer **052**

7	8	3	4	1	9	6	5	2
5	6	9	3	8	2	7	1	4
4	2	1	7	5	6	3	9	8
1	7	2	8	9	4	5	6	3
8	5	6	1	7	3	2	4	9
3	9	4	6	2	5	8	7	1
9	1	8	2	6	7	4	3	5
6	4	5	9	3	8	1	2	7
2	3	7	5	4	1	9	8	6

Answer **053**

3	8	9	6	5	4	2	7	1
6	5	1	8	2	7	9	4	3
4	2	7	3	9	1	6	8	5
1	4	8	7	6	5	3	9	2
2	3	5	9	4	8	7	1	6
7	9	6	1	3	2	4	5	8
5	1	3	2	7	9	8	6	4
8	7	2	4	1	6	5	3	9
9	6	4	5	8	3	1	2	7

Answer **054**

7	5	6	1	3	2	4	8	9
3	4	2	6	9	8	5	1	7
1	8	9	7	5	4	2	6	3
8	1	7	9	2	5	3	4	6
5	2	3	4	6	7	8	9	1
6	9	4	3	8	1	7	2	5
9	7	5	2	4	6	1	3	8
2	3	1	8	7	9	6	5	4
4	6	8	5	1	3	9	7	2

Answer **055**

5	1	2	6	3	7	9	8	4
4	7	8	9	5	2	6	3	1
9	6	3	4	8	1	2	7	5
6	5	4	2	9	8	3	1	7
7	8	9	5	1	3	4	6	2
3	2	1	7	6	4	5	9	8
1	3	5	8	4	6	7	2	9
8	9	7	3	2	5	1	4	6
2	4	6	1	7	9	8	5	3

Answer **056**

3	9	1	4	6	5	8	7	2
2	8	5	1	7	9	6	3	4
7	6	4	3	8	2	1	9	5
1	3	6	9	5	8	4	2	7
5	7	2	6	3	4	9	8	1
9	4	8	2	1	7	5	6	3
4	1	3	8	2	6	7	5	9
6	2	7	5	9	1	3	4	8
8	5	9	7	4	3	2	1	6

Answer **057**

2	7	8	1	5	3	9	4	6
1	4	5	8	6	9	7	3	2
6	3	9	7	2	4	8	1	5
3	8	2	5	9	7	1	6	4
4	9	6	3	1	8	5	2	7
7	5	1	2	4	6	3	8	9
8	6	4	9	3	5	2	7	1
5	1	3	6	7	2	4	9	8
9	2	7	4	8	1	6	5	3

Answer **058**

4	1	6	9	3	7	2	8	5
3	8	5	6	4	2	1	9	7
7	9	2	1	5	8	4	6	3
6	7	1	2	9	3	5	4	8
5	2	9	4	8	6	3	7	1
8	3	4	5	7	1	6	2	9
9	5	3	8	6	4	7	1	2
1	4	7	3	2	9	8	5	6
2	6	8	7	1	5	9	3	4

Answer **059**

5	2	4	1	9	8	7	3	6
7	6	8	5	3	4	2	9	1
9	3	1	7	6	2	4	8	5
8	1	6	3	2	7	5	4	9
3	5	7	4	1	9	8	6	2
2	4	9	8	5	6	3	1	7
6	8	5	2	4	1	9	7	3
1	7	3	9	8	5	6	2	4
4	9	2	6	7	3	1	5	8

Answer **060**

2	8	1	3	6	7	4	9	5
5	6	7	4	1	9	2	8	3
4	3	9	2	5	8	6	1	7
1	5	8	9	3	4	7	2	6
9	2	4	5	7	6	1	3	8
6	7	3	1	8	2	9	5	4
3	9	2	6	4	5	8	7	1
8	4	5	7	2	1	3	6	9
7	1	6	8	9	3	5	4	2

Answer 061

2	5	6	1	3	7	9	8	4
9	7	3	4	6	8	2	1	5
4	8	1	5	2	9	6	7	3
6	2	8	7	1	4	5	3	9
5	1	4	2	9	3	8	6	7
7	3	9	8	5	6	1	4	2
1	4	7	9	8	5	3	2	6
8	6	5	3	4	2	7	9	1
3	9	2	6	7	1	4	5	8

Answer 062

7	8	1	3	6	5	4	2	9
4	5	2	9	1	7	3	8	6
3	6	9	8	2	4	1	7	5
8	1	5	6	9	2	7	4	3
6	4	3	5	7	1	8	9	2
2	9	7	4	8	3	5	6	1
5	2	6	7	3	8	9	1	4
9	3	8	1	4	6	2	5	7
1	7	4	2	5	9	6	3	8

Answer 063

9	4	8	5	6	3	7	1	2
6	1	7	2	9	8	5	4	3
5	2	3	4	1	7	8	6	9
7	3	9	8	5	1	4	2	6
4	5	6	3	2	9	1	8	7
2	8	1	7	4	6	9	3	5
3	7	2	1	8	5	6	9	4
8	6	5	9	3	4	2	7	1
1	9	4	6	7	2	3	5	8

Answer 064

9	5	3	4	1	8	2	6	7
7	8	4	6	5	2	9	1	3
2	6	1	9	3	7	5	8	4
8	9	7	2	6	4	3	5	1
5	4	2	3	9	1	8	7	6
1	3	6	8	7	5	4	2	9
6	7	9	5	8	3	1	4	2
4	1	8	7	2	9	6	3	5
3	2	5	1	4	6	7	9	8

Answer 065

8	5	4	1	9	7	3	6	2
7	1	6	2	3	5	9	8	4
2	3	9	8	4	6	7	1	5
1	2	7	6	8	4	5	3	9
3	6	5	7	2	9	8	4	1
9	4	8	3	5	1	2	7	6
4	7	2	9	6	3	1	5	8
5	9	3	4	1	8	6	2	7
6	8	1	5	7	2	4	9	3

Answer 066

4	3	2	1	7	9	5	6	8
7	5	6	3	8	2	1	4	9
1	8	9	6	4	5	3	7	2
3	1	8	7	5	4	9	2	6
5	2	4	9	6	3	8	1	7
6	9	7	8	2	1	4	5	3
2	7	1	5	3	8	6	9	4
8	6	5	4	9	7	2	3	1
9	4	3	2	1	6	7	8	5

Answer **067**

6	4	3	5	2	9	7	1	8
2	1	5	8	7	3	6	9	4
7	8	9	1	6	4	3	5	2
5	2	7	4	3	8	9	6	1
4	9	6	2	1	5	8	7	3
8	3	1	6	9	7	4	2	5
9	7	8	3	5	2	1	4	6
1	5	4	7	8	6	2	3	9
3	6	2	9	4	1	5	8	7

Answer **068**

7	6	4	8	3	1	9	5	2
8	3	9	5	2	7	4	1	6
5	2	1	9	4	6	3	7	8
9	1	3	7	8	5	2	6	4
6	5	2	3	9	4	1	8	7
4	7	8	1	6	2	5	9	3
1	8	5	2	7	3	6	4	9
3	9	6	4	1	8	7	2	5
2	4	7	6	5	9	8	3	1

Answer **069**

2	8	3	7	1	6	4	9	5
5	6	9	4	2	3	8	1	7
4	1	7	8	9	5	2	3	6
6	7	4	5	8	9	1	2	3
1	9	2	6	3	7	5	4	8
8	3	5	1	4	2	6	7	9
7	2	1	9	6	8	3	5	4
9	4	8	3	5	1	7	6	2
3	5	6	2	7	4	9	8	1

Answer **070**

7	1	4	5	8	2	6	3	9
5	6	3	1	4	9	2	8	7
9	8	2	7	3	6	4	1	5
1	5	7	3	2	8	9	6	4
4	3	9	6	5	1	8	7	2
8	2	6	9	7	4	1	5	3
6	7	8	4	9	5	3	2	1
3	4	1	2	6	7	5	9	8
2	9	5	8	1	3	7	4	6

Answer **071**

4	1	7	6	3	2	5	8	9
6	8	2	9	5	1	4	7	3
9	5	3	8	4	7	1	6	2
2	4	9	3	7	5	6	1	8
3	7	8	4	1	6	2	9	5
5	6	1	2	9	8	3	4	7
1	2	5	7	8	4	9	3	6
8	3	4	5	6	9	7	2	1
7	9	6	1	2	3	8	5	4

Answer **072**

8	9	3	2	5	6	4	7	1
1	2	4	7	8	9	5	6	3
7	5	6	4	3	1	2	9	8
9	4	8	3	7	2	1	5	6
6	7	2	9	1	5	8	3	4
5	3	1	8	6	4	9	2	7
2	8	9	6	4	7	3	1	5
4	1	7	5	9	3	6	8	2
3	6	5	1	2	8	7	4	9

Answer **073**

5	3	2	6	8	7	1	9	4
8	1	9	3	5	4	2	6	7
4	7	6	2	1	9	3	5	8
2	5	3	7	6	8	4	1	9
1	6	8	4	9	2	5	7	3
7	9	4	1	3	5	6	8	2
9	2	1	5	7	3	8	4	6
3	8	5	9	4	6	7	2	1
6	4	7	8	2	1	9	3	5

Answer **074**

5	9	1	4	2	6	3	7	8
3	8	7	5	1	9	6	4	2
6	2	4	8	7	3	5	1	9
8	3	5	6	4	1	2	9	7
1	4	9	7	3	2	8	5	6
7	6	2	9	8	5	4	3	1
9	1	8	3	6	4	7	2	5
4	5	6	2	9	7	1	8	3
2	7	3	1	5	8	9	6	4

Answer **075**

9	2	3	4	5	7	6	1	8
1	5	8	9	6	2	3	4	7
7	6	4	8	3	1	2	9	5
4	3	2	5	1	8	7	6	9
6	1	5	2	7	9	4	8	3
8	9	7	6	4	3	5	2	1
3	7	9	1	2	4	8	5	6
2	8	6	3	9	5	1	7	4
5	4	1	7	8	6	9	3	2

Answer **076**

3	6	2	7	5	4	1	9	8
5	8	7	9	1	6	3	2	4
1	4	9	8	3	2	6	7	5
2	3	6	1	4	5	7	8	9
8	9	5	2	6	7	4	3	1
7	1	4	3	8	9	2	5	6
4	5	8	6	7	3	9	1	2
6	2	3	5	9	1	8	4	7
9	7	1	4	2	8	5	6	3

Answer **077**

6	3	1	4	8	7	5	2	9
8	5	4	2	9	1	7	3	6
9	7	2	6	5	3	4	8	1
1	8	3	9	6	4	2	5	7
5	9	7	3	1	2	8	6	4
2	4	6	8	7	5	1	9	3
4	6	5	7	2	9	3	1	8
3	1	8	5	4	6	9	7	2
7	2	9	1	3	8	6	4	5

Answer **078**

2	4	1	3	9	6	5	7	8
7	9	6	4	5	8	2	1	3
3	8	5	1	7	2	6	9	4
6	1	8	7	4	3	9	5	2
9	2	3	8	6	5	7	4	1
5	7	4	9	2	1	8	3	6
8	6	7	5	1	4	3	2	9
4	3	9	2	8	7	1	6	5
1	5	2	6	3	9	4	8	7

Answer **079**

8	5	3	4	2	9	6	1	7
7	4	6	1	3	5	2	9	8
1	2	9	6	7	8	4	3	5
9	7	5	3	1	2	8	4	6
6	1	8	9	5	4	3	7	2
4	3	2	7	8	6	1	5	9
5	8	7	2	4	1	9	6	3
2	6	1	5	9	3	7	8	4
3	9	4	8	6	7	5	2	1

Answer **080**

2	4	3	5	9	6	7	1	8
6	7	8	2	3	1	4	9	5
5	9	1	7	8	4	2	6	3
7	3	2	8	6	5	1	4	9
1	5	9	3	4	2	6	8	7
4	8	6	9	1	7	5	3	2
3	2	4	1	5	8	9	7	6
8	6	5	4	7	9	3	2	1
9	1	7	6	2	3	8	5	4

Answer **081**

4	9	8	3	1	7	5	6	2
3	7	1	5	2	6	9	4	8
2	5	6	4	8	9	7	3	1
7	8	3	1	5	2	4	9	6
1	2	5	9	6	4	3	8	7
9	6	4	8	7	3	2	1	5
5	3	2	6	4	1	8	7	9
8	1	9	7	3	5	6	2	4
6	4	7	2	9	8	1	5	3

Answer **082**

1	2	7	8	6	4	9	3	5
8	9	5	2	1	3	4	7	6
4	3	6	9	7	5	1	2	8
7	4	9	3	8	6	5	1	2
5	1	8	7	9	2	6	4	3
3	6	2	4	5	1	7	8	9
6	8	3	5	4	7	2	9	1
2	7	1	6	3	9	8	5	4
9	5	4	1	2	8	3	6	7

Answer **083**

3	8	7	2	5	4	6	1	9
6	4	2	8	1	9	3	5	7
5	1	9	7	6	3	2	4	8
9	3	8	5	4	1	7	2	6
2	6	4	3	7	8	1	9	5
1	7	5	9	2	6	8	3	4
7	2	3	4	8	5	9	6	1
4	9	6	1	3	7	5	8	2
8	5	1	6	9	2	4	7	3

Answer **084**

9	2	5	4	8	7	1	3	6
8	4	3	1	2	6	7	9	5
1	6	7	3	9	5	8	4	2
7	1	4	5	3	2	9	6	8
2	5	8	6	4	9	3	1	7
3	9	6	7	1	8	2	5	4
4	8	2	9	6	1	5	7	3
5	3	1	8	7	4	6	2	9
6	7	9	2	5	3	4	8	1

Answer **085**

6	4	9	2	1	7	5	3	8
5	7	1	4	3	8	9	2	6
3	2	8	6	5	9	1	7	4
4	1	3	7	8	2	6	9	5
9	5	7	3	6	1	4	8	2
2	8	6	9	4	5	3	1	7
7	6	4	8	9	3	2	5	1
1	3	2	5	7	4	8	6	9
8	9	5	1	2	6	7	4	3

Answer **086**

9	1	2	3	5	8	4	7	6
6	5	8	7	4	9	3	1	2
3	7	4	6	2	1	5	9	8
7	2	9	1	8	4	6	5	3
5	4	3	2	6	7	1	8	9
1	8	6	5	9	3	7	2	4
4	6	5	9	1	2	8	3	7
8	9	7	4	3	5	2	6	1
2	3	1	8	7	6	9	4	5

Answer **087**

4	3	1	6	5	2	7	8	9
8	2	6	9	1	7	4	5	3
7	5	9	8	4	3	1	2	6
2	8	3	5	7	9	6	1	4
5	1	4	2	3	6	8	9	7
9	6	7	1	8	4	2	3	5
3	4	5	7	2	8	9	6	1
1	9	2	4	6	5	3	7	8
6	7	8	3	9	1	5	4	2

Answer **088**

2	5	1	4	9	6	3	8	7
7	3	9	8	1	2	6	5	4
8	6	4	7	3	5	2	9	1
3	2	7	1	6	8	9	4	5
4	1	5	9	2	7	8	3	6
6	9	8	5	4	3	7	1	2
9	8	6	2	5	1	4	7	3
1	7	3	6	8	4	5	2	9
5	4	2	3	7	9	1	6	8

Answer **089**

9	5	8	3	1	2	7	6	4
1	6	7	8	4	9	2	5	3
3	4	2	5	6	7	8	9	1
5	9	3	1	7	8	4	2	6
6	7	4	2	3	5	9	1	8
2	8	1	6	9	4	3	7	5
4	2	6	9	5	3	1	8	7
8	3	5	7	2	1	6	4	9
7	1	9	4	8	6	5	3	2

Answer **090**

9	2	8	6	7	5	1	4	3
1	3	5	9	4	2	8	7	6
6	7	4	1	3	8	9	5	2
3	8	6	2	9	7	4	1	5
2	4	1	5	8	6	3	9	7
5	9	7	3	1	4	6	2	8
8	1	3	7	2	9	5	6	4
4	6	2	8	5	1	7	3	9
7	5	9	4	6	3	2	8	1

Answer 091

2	4	7	1	3	6	5	9	8
5	8	3	7	9	2	4	6	1
6	1	9	5	4	8	7	2	3
9	5	4	2	7	1	3	8	6
8	3	2	6	5	4	9	1	7
7	6	1	3	8	9	2	4	5
4	7	6	8	2	5	1	3	9
1	2	5	9	6	3	8	7	4
3	9	8	4	1	7	6	5	2

Answer 092

5	3	6	7	4	1	8	2	9
4	9	2	8	3	5	7	6	1
8	1	7	6	9	2	5	4	3
3	7	4	2	8	9	1	5	6
1	6	8	3	5	4	2	9	7
9	2	5	1	7	6	3	8	4
6	8	3	4	2	7	9	1	5
2	5	1	9	6	3	4	7	8
7	4	9	5	1	8	6	3	2

Answer 093

4	3	7	5	2	6	9	1	8
9	8	1	4	7	3	5	6	2
2	6	5	1	8	9	3	4	7
1	4	8	2	6	5	7	9	3
7	9	2	3	1	4	6	8	5
3	5	6	7	9	8	4	2	1
5	1	3	9	4	2	8	7	6
8	2	4	6	3	7	1	5	9
6	7	9	8	5	1	2	3	4

Answer 094

2	9	4	7	6	3	8	1	5
1	8	3	9	5	4	6	2	7
5	7	6	1	8	2	9	3	4
3	2	5	6	9	8	7	4	1
9	1	8	4	7	5	2	6	3
4	6	7	2	3	1	5	9	8
8	3	1	5	2	9	4	7	6
7	4	2	8	1	6	3	5	9
6	5	9	3	4	7	1	8	2

Answer 095

9	2	4	3	7	1	6	5	8
6	3	7	8	5	4	9	2	1
1	8	5	9	6	2	4	7	3
3	9	6	4	2	5	1	8	7
2	5	8	1	9	7	3	4	6
4	7	1	6	8	3	5	9	2
5	6	2	7	3	9	8	1	4
7	4	3	5	1	8	2	6	9
8	1	9	2	4	6	7	3	5

Answer 096

1	8	7	6	5	4	3	9	2
4	3	6	9	2	1	8	5	7
9	5	2	3	8	7	4	1	6
7	9	3	5	1	8	6	2	4
6	4	1	7	9	2	5	8	3
8	2	5	4	3	6	1	7	9
3	1	8	2	4	9	7	6	5
2	6	4	8	7	5	9	3	1
5	7	9	1	6	3	2	4	8

Answer **097**

6	2	8	5	1	4	9	3	7
7	9	4	8	6	3	1	5	2
5	3	1	9	2	7	8	6	4
3	5	6	2	9	1	7	4	8
1	7	9	6	4	8	5	2	3
8	4	2	3	7	5	6	1	9
2	1	3	7	8	6	4	9	5
9	6	7	4	5	2	3	8	1
4	8	5	1	3	9	2	7	6

Answer **098**

4	6	9	5	1	2	7	3	8
7	3	5	6	9	8	4	2	1
8	1	2	3	7	4	5	6	9
6	5	7	4	2	9	8	1	3
1	9	4	7	8	3	6	5	2
3	2	8	1	6	5	9	7	4
2	7	1	8	4	6	3	9	5
5	4	6	9	3	1	2	8	7
9	8	3	2	5	7	1	4	6

Answer **099**

7	9	6	8	1	3	4	5	2
2	5	1	9	7	4	3	6	8
8	4	3	5	2	6	1	7	9
5	8	7	4	3	2	9	1	6
4	1	9	6	8	7	2	3	5
6	3	2	1	9	5	8	4	7
1	6	5	2	4	9	7	8	3
3	2	4	7	6	8	5	9	1
9	7	8	3	5	1	6	2	4

Answer **100**

3	9	5	4	2	7	1	8	6
1	2	8	6	9	5	3	7	4
4	6	7	1	3	8	9	5	2
7	8	9	5	6	4	2	3	1
2	5	3	8	1	9	4	6	7
6	4	1	3	7	2	8	9	5
9	7	6	2	4	3	5	1	8
8	1	2	9	5	6	7	4	3
5	3	4	7	8	1	6	2	9

Answer **101**

9	7	1	2	6	4	8	5	3
8	4	2	5	9	3	7	6	1
3	6	5	7	8	1	2	4	9
4	9	7	8	1	2	5	3	6
5	1	3	6	4	7	9	2	8
6	2	8	9	3	5	4	1	7
1	8	9	4	2	6	3	7	5
7	3	4	1	5	8	6	9	2
2	5	6	3	7	9	1	8	4

Answer **102**

5	1	6	3	9	7	8	4	2
9	8	3	6	4	2	7	1	5
7	2	4	8	1	5	9	6	3
4	5	8	1	3	6	2	9	7
1	7	2	4	5	9	6	3	8
3	6	9	7	2	8	4	5	1
2	3	7	5	6	4	1	8	9
6	9	1	2	8	3	5	7	4
8	4	5	9	7	1	3	2	6

Answer **103**

6	8	2	5	3	7	1	4	9
4	1	3	6	8	9	2	7	5
7	5	9	2	4	1	8	3	6
2	6	4	3	9	5	7	8	1
8	9	7	4	1	2	5	6	3
5	3	1	8	7	6	9	2	4
3	4	5	9	2	8	6	1	7
9	7	8	1	6	3	4	5	2
1	2	6	7	5	4	3	9	8

Answer **104**

2	9	7	8	5	4	6	3	1
8	1	4	6	3	9	5	2	7
5	6	3	1	7	2	9	4	8
1	5	6	3	2	8	4	7	9
4	2	9	7	1	5	8	6	3
3	7	8	9	4	6	2	1	5
7	4	2	5	8	1	3	9	6
6	8	1	4	9	3	7	5	2
9	3	5	2	6	7	1	8	4

Answer **105**

7	4	3	8	5	9	2	1	6
6	9	5	1	2	7	8	4	3
8	2	1	4	3	6	7	5	9
9	3	7	2	4	8	5	6	1
4	1	6	7	9	5	3	8	2
2	5	8	6	1	3	9	7	4
3	6	9	5	8	1	4	2	7
1	8	2	3	7	4	6	9	5
5	7	4	9	6	2	1	3	8

Answer **106**

8	6	5	4	2	3	7	1	9
2	4	7	9	1	5	3	8	6
3	9	1	7	6	8	2	4	5
7	8	9	2	4	1	5	6	3
1	3	4	5	7	6	9	2	8
5	2	6	3	8	9	4	7	1
6	7	3	1	5	4	8	9	2
9	1	2	8	3	7	6	5	4
4	5	8	6	9	2	1	3	7

Answer **107**

8	9	3	2	1	4	5	7	6
5	6	2	8	7	3	4	9	1
7	4	1	5	9	6	2	3	8
1	8	6	3	2	9	7	5	4
9	5	7	1	4	8	6	2	3
3	2	4	7	6	5	1	8	9
4	3	9	6	5	2	8	1	7
2	1	8	4	3	7	9	6	5
6	7	5	9	8	1	3	4	2

Answer **108**

8	1	5	2	3	4	6	9	7
2	6	3	9	1	7	5	4	8
4	7	9	8	5	6	1	2	3
7	2	8	4	9	1	3	5	6
3	5	4	7	6	2	9	8	1
1	9	6	3	8	5	4	7	2
9	3	1	5	7	8	2	6	4
6	8	2	1	4	9	7	3	5
5	4	7	6	2	3	8	1	9

Answer **109**

4	5	3	1	8	2	9	6	7
9	1	7	5	3	6	4	8	2
8	2	6	7	9	4	3	1	5
7	8	4	3	2	5	1	9	6
5	6	1	8	7	9	2	3	4
2	3	9	4	6	1	7	5	8
1	7	5	6	4	3	8	2	9
6	9	8	2	1	7	5	4	3
3	4	2	9	5	8	6	7	1

Answer **110**

6	1	2	8	9	7	5	3	4
7	5	4	6	3	2	8	9	1
3	8	9	1	5	4	6	7	2
8	2	3	4	6	5	9	1	7
1	4	6	3	7	9	2	5	8
5	9	7	2	1	8	4	6	3
4	6	1	9	2	3	7	8	5
2	3	5	7	8	6	1	4	9
9	7	8	5	4	1	3	2	6

Answer **111**

3	8	1	5	2	6	4	7	9
4	7	5	1	9	8	3	6	2
2	6	9	3	7	4	8	5	1
8	4	3	9	1	7	6	2	5
1	5	7	2	6	3	9	4	8
6	9	2	4	8	5	1	3	7
7	3	8	6	5	1	2	9	4
5	2	4	8	3	9	7	1	6
9	1	6	7	4	2	5	8	3

Answer **112**

3	5	2	8	4	9	6	7	1
7	4	6	2	5	1	9	8	3
8	1	9	7	3	6	5	2	4
9	8	1	4	2	7	3	5	6
6	7	3	5	9	8	4	1	2
4	2	5	1	6	3	8	9	7
2	9	4	6	7	5	1	3	8
5	6	8	3	1	2	7	4	9
1	3	7	9	8	4	2	6	5

Answer **113**

3	6	5	2	9	4	7	8	1
9	2	7	8	1	3	5	6	4
4	8	1	5	7	6	3	9	2
7	9	6	1	4	5	8	2	3
1	4	8	6	3	2	9	5	7
5	3	2	9	8	7	4	1	6
6	7	9	4	2	8	1	3	5
2	1	3	7	5	9	6	4	8
8	5	4	3	6	1	2	7	9

Answer **114**

6	2	4	1	8	9	5	7	3
5	7	8	6	3	4	9	1	2
1	3	9	5	2	7	4	6	8
9	5	3	8	4	1	7	2	6
4	1	7	3	6	2	8	9	5
8	6	2	9	7	5	1	3	4
3	9	6	4	1	8	2	5	7
2	8	1	7	5	3	6	4	9
7	4	5	2	9	6	3	8	1

Answer 115

1	3	7	8	9	4	2	5	6
2	6	8	1	5	3	4	9	7
9	5	4	7	2	6	1	8	3
3	4	5	9	1	7	8	6	2
8	1	2	3	6	5	7	4	9
6	7	9	2	4	8	3	1	5
5	2	1	4	7	9	6	3	8
7	9	3	6	8	1	5	2	4
4	8	6	5	3	2	9	7	1

Answer 116

5	7	1	4	6	3	9	2	8
3	9	4	8	2	1	7	5	6
6	2	8	5	7	9	4	3	1
1	3	9	7	4	8	5	6	2
8	5	2	9	1	6	3	7	4
4	6	7	3	5	2	8	1	9
7	1	5	2	9	4	6	8	3
9	8	6	1	3	7	2	4	5
2	4	3	6	8	5	1	9	7

Answer 117

9	6	4	2	3	8	7	1	5
2	8	1	7	5	6	4	9	3
5	3	7	9	4	1	8	6	2
7	9	3	4	8	5	6	2	1
1	4	6	3	2	9	5	8	7
8	5	2	1	6	7	9	3	4
3	2	5	8	9	4	1	7	6
4	1	9	6	7	2	3	5	8
6	7	8	5	1	3	2	4	9

Answer 118

8	3	2	7	4	1	6	5	9
5	1	6	2	9	8	4	3	7
4	7	9	5	6	3	8	2	1
9	4	1	3	7	5	2	8	6
2	5	7	1	8	6	9	4	3
3	6	8	4	2	9	7	1	5
7	2	5	6	1	4	3	9	8
1	9	4	8	3	7	5	6	2
6	8	3	9	5	2	1	7	4

Answer 119

3	5	8	7	1	6	4	2	9
9	6	7	8	4	2	3	5	1
1	4	2	5	3	9	8	7	6
5	8	4	1	9	7	2	6	3
7	3	6	4	2	8	1	9	5
2	9	1	6	5	3	7	4	8
8	7	5	2	6	1	9	3	4
4	2	9	3	8	5	6	1	7
6	1	3	9	7	4	5	8	2

Answer 120

8	1	5	3	9	2	4	6	7
7	6	2	8	4	1	5	9	3
9	3	4	5	7	6	1	2	8
1	9	3	7	2	5	8	4	6
6	4	7	9	1	8	2	3	5
2	5	8	4	6	3	7	1	9
4	7	6	2	8	9	3	5	1
3	2	9	1	5	7	6	8	4
5	8	1	6	3	4	9	7	2

Answer **121**

4	6	8	7	5	9	3	1	2
7	2	5	8	1	3	6	4	9
3	9	1	4	6	2	5	7	8
9	1	3	2	8	4	7	6	5
2	5	4	3	7	6	9	8	1
8	7	6	1	9	5	4	2	3
1	8	9	6	3	7	2	5	4
5	4	7	9	2	8	1	3	6
6	3	2	5	4	1	8	9	7

Answer **122**

4	6	2	5	1	7	8	3	9
8	3	9	4	6	2	5	1	7
1	7	5	3	9	8	6	2	4
2	4	7	9	5	1	3	6	8
3	9	8	2	7	6	1	4	5
5	1	6	8	3	4	9	7	2
7	8	3	1	2	9	4	5	6
6	5	4	7	8	3	2	9	1
9	2	1	6	4	5	7	8	3

Answer **123**

3	1	4	5	9	2	7	6	8
7	8	5	3	6	4	2	1	9
6	9	2	7	1	8	3	4	5
2	7	8	6	5	3	4	9	1
5	4	6	1	2	9	8	7	3
9	3	1	8	4	7	6	5	2
8	6	9	4	3	5	1	2	7
4	5	7	2	8	1	9	3	6
1	2	3	9	7	6	5	8	4

Answer **124**

4	8	2	6	9	7	1	3	5
9	7	5	8	1	3	2	6	4
6	1	3	5	4	2	7	9	8
1	3	9	7	6	8	4	5	2
5	4	7	1	2	9	6	8	3
2	6	8	3	5	4	9	7	1
7	2	4	9	8	5	3	1	6
8	9	1	2	3	6	5	4	7
3	5	6	4	7	1	8	2	9

Answer **125**

3	9	6	1	8	2	7	4	5
7	1	2	6	4	5	9	3	8
5	4	8	7	9	3	6	2	1
2	5	9	4	7	6	8	1	3
8	7	4	5	3	1	2	6	9
1	6	3	8	2	9	4	5	7
4	3	7	2	1	8	5	9	6
6	2	1	9	5	7	3	8	4
9	8	5	3	6	4	1	7	2

Answer **126**

3	4	6	2	8	5	9	1	7
7	2	8	3	9	1	6	4	5
5	1	9	4	6	7	2	8	3
4	3	2	5	1	6	7	9	8
6	7	5	9	3	8	4	2	1
9	8	1	7	4	2	3	5	6
1	6	4	8	2	3	5	7	9
8	9	7	6	5	4	1	3	2
2	5	3	1	7	9	8	6	4

Answer **127**

1	7	5	9	3	2	6	4	8
6	2	9	8	1	4	5	3	7
8	3	4	5	7	6	9	2	1
5	6	1	4	8	9	3	7	2
7	9	2	3	6	1	4	8	5
3	4	8	7	2	5	1	6	9
2	1	3	6	5	8	7	9	4
4	8	7	1	9	3	2	5	6
9	5	6	2	4	7	8	1	3

Answer **128**

1	9	6	5	8	7	3	4	2
8	4	3	9	1	2	6	5	7
7	5	2	4	6	3	9	8	1
5	7	4	6	3	9	1	2	8
6	8	9	1	2	5	4	7	3
2	3	1	8	7	4	5	9	6
4	6	8	2	5	1	7	3	9
9	2	7	3	4	6	8	1	5
3	1	5	7	9	8	2	6	4

Answer **129**

5	7	6	8	3	1	4	2	9
2	1	9	4	7	5	8	6	3
4	8	3	6	9	2	7	1	5
9	5	1	3	2	4	6	7	8
7	3	2	5	6	8	1	9	4
8	6	4	9	1	7	3	5	2
6	4	7	2	8	9	5	3	1
1	2	8	7	5	3	9	4	6
3	9	5	1	4	6	2	8	7

Answer **130**

2	1	8	4	7	9	3	5	6
6	3	7	2	5	1	4	8	9
4	9	5	6	3	8	1	7	2
5	8	1	7	2	6	9	4	3
7	6	3	8	9	4	5	2	1
9	4	2	3	1	5	8	6	7
8	2	4	1	6	3	7	9	5
1	5	6	9	8	7	2	3	4
3	7	9	5	4	2	6	1	8

Answer **131**

1	8	6	5	7	4	2	9	3
5	9	3	2	6	8	4	7	1
2	7	4	1	3	9	5	8	6
7	5	9	6	2	3	8	1	4
4	1	8	7	9	5	3	6	2
3	6	2	4	8	1	9	5	7
9	2	7	8	4	6	1	3	5
8	4	1	3	5	7	6	2	9
6	3	5	9	1	2	7	4	8

Answer **132**

1	5	2	6	4	9	3	8	7
9	3	7	2	8	1	5	6	4
8	6	4	5	7	3	1	9	2
2	8	3	9	6	7	4	1	5
6	4	9	1	5	2	7	3	8
5	7	1	4	3	8	6	2	9
3	9	5	7	2	6	8	4	1
7	1	6	8	9	4	2	5	3
4	2	8	3	1	5	9	7	6

Answer **133**

4	7	9	2	5	8	6	3	1
6	8	5	1	9	3	2	4	7
1	3	2	6	4	7	9	5	8
2	5	4	9	8	1	7	6	3
7	6	1	4	3	2	5	8	9
3	9	8	5	7	6	1	2	4
9	1	6	8	2	4	3	7	5
5	4	7	3	6	9	8	1	2
8	2	3	7	1	5	4	9	6

Answer **134**

2	3	7	5	4	6	1	9	8
8	6	5	9	1	3	2	4	7
1	4	9	8	7	2	5	3	6
4	9	8	7	5	1	6	2	3
5	2	3	4	6	8	7	1	9
6	7	1	3	2	9	4	8	5
9	1	2	6	8	7	3	5	4
7	8	4	2	3	5	9	6	1
3	5	6	1	9	4	8	7	2

Answer **135**

5	1	4	6	3	8	2	9	7
7	9	3	2	5	4	6	8	1
6	8	2	7	1	9	4	3	5
3	5	6	1	8	2	9	7	4
4	7	8	5	9	3	1	6	2
1	2	9	4	6	7	8	5	3
8	4	5	3	2	6	7	1	9
2	6	1	9	7	5	3	4	8
9	3	7	8	4	1	5	2	6

Answer **136**

7	4	1	6	2	8	3	9	5
9	5	2	4	7	3	1	6	8
3	6	8	1	9	5	4	2	7
6	7	9	8	1	2	5	4	3
4	8	5	3	6	9	7	1	2
2	1	3	5	4	7	6	8	9
1	2	7	9	3	6	8	5	4
5	9	6	7	8	4	2	3	1
8	3	4	2	5	1	9	7	6

Answer **137**

8	7	4	6	5	1	3	9	2
1	6	2	9	4	3	5	7	8
5	3	9	2	7	8	4	1	6
7	2	3	4	6	9	1	8	5
4	5	1	3	8	7	2	6	9
6	9	8	1	2	5	7	4	3
3	4	6	8	1	2	9	5	7
9	1	5	7	3	6	8	2	4
2	8	7	5	9	4	6	3	1

Answer **138**

8	5	7	1	4	2	6	9	3
1	6	9	7	3	5	2	4	8
2	4	3	6	8	9	1	7	5
3	8	1	4	2	7	5	6	9
4	9	5	3	6	8	7	1	2
6	7	2	9	5	1	3	8	4
5	3	6	8	1	4	9	2	7
9	1	4	2	7	3	8	5	6
7	2	8	5	9	6	4	3	1

Answer 139

6	7	2	1	3	5	4	9	8
1	4	3	2	9	8	7	6	5
9	5	8	7	4	6	3	2	1
7	9	5	3	8	1	2	4	6
4	2	1	5	6	9	8	3	7
8	3	6	4	7	2	1	5	9
3	6	9	8	1	4	5	7	2
5	1	4	9	2	7	6	8	3
2	8	7	6	5	3	9	1	4

Answer 140

2	5	9	4	1	8	7	6	3
3	8	1	6	7	5	9	2	4
6	7	4	3	9	2	5	8	1
9	2	5	1	6	3	8	4	7
8	6	7	2	4	9	3	1	5
4	1	3	5	8	7	6	9	2
7	4	2	9	3	6	1	5	8
1	3	6	8	5	4	2	7	9
5	9	8	7	2	1	4	3	6

Answer 141

9	8	2	1	4	7	6	5	3
5	4	7	2	3	6	1	9	8
1	3	6	8	5	9	2	7	4
7	5	1	3	8	4	9	6	2
4	9	3	6	7	2	8	1	5
6	2	8	5	9	1	4	3	7
8	7	4	9	6	3	5	2	1
2	6	5	7	1	8	3	4	9
3	1	9	4	2	5	7	8	6

Answer 142

4	2	8	7	5	1	6	3	9
9	1	5	4	6	3	2	8	7
6	3	7	8	9	2	1	5	4
7	4	6	2	1	8	3	9	5
1	5	3	9	4	7	8	2	6
8	9	2	5	3	6	7	4	1
3	7	4	6	2	9	5	1	8
2	8	9	1	7	5	4	6	3
5	6	1	3	8	4	9	7	2

Answer 143

9	8	4	6	1	2	5	3	7
6	5	2	8	3	7	1	9	4
7	3	1	4	5	9	8	2	6
3	4	7	5	8	1	2	6	9
8	2	9	7	4	6	3	5	1
5	1	6	2	9	3	4	7	8
1	7	5	9	2	8	6	4	3
4	9	8	3	6	5	7	1	2
2	6	3	1	7	4	9	8	5

Answer 144

1	4	6	5	7	3	2	8	9
3	5	7	9	8	2	1	4	6
9	8	2	1	6	4	3	7	5
7	2	4	6	1	9	5	3	8
5	3	1	8	2	7	9	6	4
6	9	8	3	4	5	7	2	1
4	7	5	2	9	6	8	1	3
8	6	9	7	3	1	4	5	2
2	1	3	4	5	8	6	9	7

Answer **145**

4	5	6	9	3	1	7	2	8
1	8	9	5	7	2	4	6	3
3	7	2	8	6	4	1	5	9
8	1	5	6	2	9	3	7	4
2	6	7	4	8	3	5	9	1
9	4	3	1	5	7	2	8	6
6	3	8	2	1	5	9	4	7
5	9	1	7	4	6	8	3	2
7	2	4	3	9	8	6	1	5

Answer **146**

8	3	9	6	2	7	4	1	5
7	4	6	5	8	1	3	9	2
2	5	1	4	3	9	6	8	7
6	8	7	9	1	3	2	5	4
9	2	3	8	4	5	7	6	1
5	1	4	7	6	2	9	3	8
1	9	8	2	7	6	5	4	3
3	6	2	1	5	4	8	7	9
4	7	5	3	9	8	1	2	6

Answer **147**

2	3	6	9	5	4	1	8	7
8	5	7	1	6	2	9	3	4
1	9	4	3	8	7	6	2	5
7	6	3	2	9	5	8	4	1
9	1	5	4	7	8	3	6	2
4	2	8	6	3	1	5	7	9
3	4	2	5	1	6	7	9	8
6	8	1	7	2	9	4	5	3
5	7	9	8	4	3	2	1	6

Answer **148**

6	7	3	9	4	5	1	2	8
2	1	9	7	6	8	5	3	4
8	5	4	3	1	2	7	9	6
4	2	6	8	7	9	3	1	5
7	8	5	2	3	1	6	4	9
9	3	1	4	5	6	2	8	7
1	9	7	6	8	3	4	5	2
3	4	2	5	9	7	8	6	1
5	6	8	1	2	4	9	7	3

Answer **149**

7	5	6	4	2	1	3	9	8
8	1	2	9	3	5	4	6	7
4	9	3	7	6	8	5	1	2
3	6	8	2	7	9	1	4	5
2	4	5	8	1	3	9	7	6
1	7	9	5	4	6	2	8	3
6	8	4	1	5	2	7	3	9
5	3	1	6	9	7	8	2	4
9	2	7	3	8	4	6	5	1

Answer **150**

1	5	6	7	8	9	3	2	4
2	4	7	5	6	3	8	9	1
8	3	9	2	4	1	6	5	7
9	1	3	4	5	7	2	6	8
5	8	2	9	1	6	4	7	3
6	7	4	8	3	2	9	1	5
3	9	1	6	7	4	5	8	2
4	2	8	1	9	5	7	3	6
7	6	5	3	2	8	1	4	9

Answer 151

9	8	4	2	6	5	3	1	7
7	3	2	8	9	1	5	6	4
6	5	1	4	7	3	9	8	2
8	6	9	5	3	7	4	2	1
2	1	5	9	4	8	6	7	3
3	4	7	6	1	2	8	5	9
1	7	6	3	5	9	2	4	8
4	2	3	1	8	6	7	9	5
5	9	8	7	2	4	1	3	6

Answer 152

5	9	3	6	2	7	4	8	1
4	6	1	9	5	8	2	3	7
7	8	2	3	1	4	9	5	6
8	5	6	2	3	1	7	9	4
9	2	4	7	6	5	8	1	3
3	1	7	8	4	9	5	6	2
1	4	8	5	7	6	3	2	9
6	3	5	4	9	2	1	7	8
2	7	9	1	8	3	6	4	5

Answer 153

4	2	8	7	6	5	1	3	9
6	1	9	3	8	2	7	5	4
3	7	5	1	4	9	6	2	8
5	3	1	2	7	8	9	4	6
2	6	7	5	9	4	8	1	3
9	8	4	6	1	3	5	7	2
8	4	3	9	5	7	2	6	1
1	5	2	8	3	6	4	9	7
7	9	6	4	2	1	3	8	5

Answer 154

8	7	5	3	6	9	2	1	4
1	4	6	8	5	2	7	9	3
9	2	3	1	4	7	6	8	5
5	8	7	2	9	6	4	3	1
4	3	2	7	8	1	5	6	9
6	9	1	4	3	5	8	7	2
3	6	4	9	2	8	1	5	7
7	5	9	6	1	4	3	2	8
2	1	8	5	7	3	9	4	6

Answer 155

6	3	8	5	9	4	2	1	7
4	1	7	3	2	6	8	9	5
2	9	5	8	7	1	3	6	4
5	4	2	6	3	7	9	8	1
8	6	3	1	5	9	4	7	2
1	7	9	2	4	8	6	5	3
9	2	1	7	8	3	5	4	6
3	8	6	4	1	5	7	2	9
7	5	4	9	6	2	1	3	8

Answer 156

2	8	6	7	3	1	5	9	4
3	1	4	6	9	5	2	8	7
5	7	9	4	2	8	1	6	3
1	6	3	2	4	9	7	5	8
4	5	7	3	8	6	9	2	1
8	9	2	1	5	7	4	3	6
7	3	5	8	1	2	6	4	9
9	4	1	5	6	3	8	7	2
6	2	8	9	7	4	3	1	5

뉴메릭 스도쿠 468
초|중|고급

1쇄 발행 2026년 03월 30일

지은이 Sudoku Creative Academy
펴낸이 김왕기
편집부 원선화, 김한솔
디자인 푸른영토 디자인실

펴낸곳 **푸른e미디어**
주소 경기도 고양시 일산동구 장항동 865 코오롱레이크폴리스1차 A동 908호
전화 (대표)031-925-2327, 070-7477-0386~9 · 팩스 | 031-925-2328
등록번호 제2005-24호(2005년 4월 15일)
홈페이지 www.blueterritory.com
전자우편 designkwk@me.com

ISBN 979-11-88287-50-5 14410

푸른e미디어는 (주)푸른영토의 임프린트입니다.